KB146240

성공적인 외식창업을 위한

—

우리가게
스타메뉴

김선화, 이승미, 정소연, 차미나

contents

PART 4. 스타메뉴의 조리레시피

외식업창업을 위해
이 책을 보고 계신 당신을 환영합니다 !

  우리들의 생활환경은 사회, 경제적 발전과 함께 의식주의 현대화, 서구화가 이루어 졌다. 특히 食 '먹는 일' 에 대한 가치는 단순히 배를 채우는 행위와 더불어 문화적 욕구를 충족시킬 수 있는것 보다 더 멋진 음식을 찾고 있다. 이러한 현상은 온라인상의 '파워블로거' 라는 새로운 장르의 맛있는 음식 탐구자를 통해 급속하게 유행이 되고 있다. 이제는 일반인들도 흔히 얘기하는 '맛집' 들을 찾아 이곳 저곳 헤매며 맛있고, 멋진 음식을 소비하고 있다. 이와 같이 수많은 '맛집' 들을 가보면 정말 맛있고 특이하다고 생각되는 점포가 있는가 하면 '맛집' 으로 대접받기에는 턱없이 부족하다고 생각되는 점 포들도 적지 않다. 이는 미슐랭 가이드와 같은 세계적으로 공인된 평가주체가 없고 타당성이 있는 공 정한 평가기준이 없으니 개개인의 취향에 따라 '맛집'의 평가가 달라 질 수 있음을 인정하지 않을 수 없다.

  이와 같이 수 많은 '맛집' 들의 성공을 보면서 평소 먹는 일과 음식을 좋아하는 예비창업자들은 먹는 사업이니 만큼 망할 일 없이 안정적인 수입을 올릴 수 있다는 선입견과 막연한 기대를 가지고 과감한 추진력으로 외식업을 시도해 보지만 성공보다는 실패를 경험하는 사례가 더 많음은 요즘 외식창업의 현실 일 수 밖에 없다. 하지만 이와 같은 창업에 대한 실패는 경제적 손실과 더불어 창업의지를 잃고 재도약할 수 있는 의지까지도 잃게 만드는 만큼 개인의 삶에 미치는 영향도 매우 크다고 가늠해 볼 수 있다.

  특히 요즘 외식창업방향은 현대적이고 세련된 디자인의 인테리어 투자가 많은 반면 메뉴상품에 대한 투자 또는 노력은 상대적으로 미흡한 것이 현실이며 안타까운 일이 아닐 수 없다.

  따라서 이 책은 외식 사업이 사회적 외부환경, 상권(입지), 마케팅, 메뉴상품, 창업자의 능력 등 많은 요소들이 복합적으로 조화를 이뤄 성공적인 맛집이 만들어 진다는 점을 경험적으로 알고 있지만 무엇보다 중요한 것은 먹는 음식 즉 메뉴상품이 가장 중요한 요소가 아닐 까 생각한다.

  그 집에 가면 맛이 있고, 특색이 있고, 반짝이는 아이디어 메뉴 등의 스타메뉴가 있어야 모객효과가 있으며, 이로 인해 사람들이 들고 나면서 입소문이 시작된다고 보기 때문이다. 따라서 현재 외식업 현 장에서 활동하는 푸드스타일리스트, 쿠킹스튜디오 강사, 창업전문가, 메뉴컨설턴트 전문가 4명이 각 자의 분야에서 쌓은 현장 경험들을 담아 이 책에 담아 보려고 노력했다.

  부족한 부분이 많지만 현업에서 20년 이상 몸담고 있는 사람들의 이야기 이니 만큼 현재 외식업 창 업을 준비하고 있는 예비창업자, 현재 외식업을 경영하고 있는 사업주 그리고 외식업을 전공으로 하 는 학생, 음식에 관심이 있는 분들에게 작은 도움이 될 수 있을 것으로 확신한다

김선화, 이승미, 정소연, 차미나 드림

PART
1

성공적인 외식창업을 위한

창업과 외식환경에 대한 이해

1. 성공하기 위해서는 창업시장의 환경부터 이해하자.
2. 외식창업, 살펴보고 두들겨보자.

성공적인 외식창업을 위한

1. 성공하기 위해서는 창업시장의 환경부터 이해하자.

창업을 시작하면서 실패하고 싶은 사람이 있을까? 일부러 창업에 실패하고 싶은 사람은 아마도 없을 것이라고 생각한다. 그럼, 왜 창업에 실패하는 것일까? 창업에 실패하는 주요한 요인을 보면 창업 동기도 불분명하고 시장은 이미 포화상태 속에서 창업을 시작하게 되므로 당연히 모방성 창업, 비전문성 창업 그리고 창업 준비 부족 등으로 인하여 사업을 그만 두게 되며, 사업을 그만 두는 이유로는 소득의 감소(38%)가 가장 높고 과당경쟁(21%)이 다음으로 높게 나타났다. 결국 창업 후 3년 생존율은 약 28% 밖에 안되고 있다.

그런데 이와 같이 창업의 성공률이 낮은 데도 불구하고 창업을 하게 되는 진입동기를 보면 조기 퇴직 이후 사회적응 및 정착 불안정, 고령화 시대 생활 방식의 한계적 상황 등으로 인하여 마지못해 창업을 선택하는 사람이 많다는 것이다. 이렇게 분명한 목표가 없이 경쟁력을 갖추지 못한 상태에서 치열한 창업시장에 진입하게 되는 현상은 정체성의 부족으로 설명할 수 있을 것이다.

그러나 이와 같은 정체성의 부족에도 불구하고 창업의 실패를 줄이기 위해서는 많은 경험을 통해 '돈 잘 버는 법, 장사를 잘하는 법'을 아는 것일 것이다. 따라서 이와 같이 장사를 잘하는 법을 알기 위해서는 철저한 사전 준비가 선행되어야 하며, 준비된 창업은 곧 성공으로 한걸음 나아가는 것임을 명심해야 할 것이다. 준비 없는 창업의 문제점을 살펴보면 첫째 경영마인드의 부족, 둘째 정보수집의 부족(시장조사), 셋째 선택한 창업분야에서의 부족한 실전경험, 넷째 지나친 기대 수익에 따른 조급함 등을 들 수 있다. 또한 아이템 측면에서 실패요인을 찾아보면 성숙기를 지난 업종이나 쇠퇴기 업종의 선택, 유행성이 높은 아이템 선정, 경험이 전혀 없는 아이템의 선정 등을 들 수 있다.

1) 경기가 안 좋으면 성공의지 2배, 성공노력 2배 ! 경제환경의 영향

준비 안 된 창업의 실패는 개개인의 문제이지만 이를 둘러싸고 있는 경기동향, 경제적 환경은 창업 실패의 대외적 요인이라고 할 수 있다. 아무리 준비를 많이 하고 철저하게 준비했더라도 정작 돈을 써야 할 소비자들의 지갑이 비어 있거나 돈이 있어도 쓰지 못하는 상황이라면 처음 창업을 준비하는 창업자의 노력은 두배, 세배로 필요할 것이 자명하다. 따라서 우리나라의 경제 환경을 이해하고 계획을 세우는 것이 바람직할 것이다. 현재 우리나라 경제 성장률은 기획재정부 자료에 의하면 3.7%를 전망하고 있으며, 양극화 시대, 고용 없는 성장, 빈곤화 성장 등의 매우 열악한 성장요인에 휩싸여 있다. 그리고 창업 아이템 중 외식업 비중은 더욱 높아지고 있으며 대기업을 중심으로 한 대자본 대 자영업자 중심의 소자본으로 양극화되는 현상이 화두로 떠오르고 있으며 향후 창업시장은 큰 변화 없이 소자본 및 여성, 청년, 시니어창업이 증가할 것이다.

2) 베이비부머 세대들의 창업 열풍과 카페창업의 인기 !!

외식시장은 한식디저트카페, 수제버거, 채식전문점, 집밥가정식, 요리주점 호프 등장, 막걸리 전문점 등의 변화가 있었으며, 괄목할 만 한 창업 현상은 720만 베이비부머 세대들이 창업시장을 노크하면서 비교적 진입장벽이 낮은 카페 창업에 대한 관심도가 높아지고 있다는 사실이다. 청년창업수요 역시 특별한 기술력이 없어도 간단한 바리스타 기술 정도만 익힌 다음 카페창업을 선호하는 젊은 층 수요는 갈수록 늘고 있다. 주부창업, 여성창업시장에서도 비교적 남보기 괜찮아 보이고 깨끗하면서 운영관리상 어려움도 크지 않다는 점 때문에 여성창업시장에서 카페창업에 대한 선호도는 갈수록 높아지고 있다.

상권에서는 가로수길, 경리단길, 홍대카페골목, 분당카페골목, 죽전카페골목, 판교카페골목 등 전국의 테마카페상권이 많이 생겨나는 것도 카페창업 수요가 많아지고 있다는 반증이다. 전국 지자체의 카페관련 교육프로그램의 수강자는 엄청난 수가 증가되고 있다. 그 뿐 아니라 전국의 바리스타를 양성하는 학원들은 우후죽순으로 증가하였으며, 바리스타 과정만 수료하면 카페창업 성공의 주인공이 바로 되는 듯한 착각에 빠지게 하기도 한다.

그럼 많은 사람들이 선호하는 카페창업은 어떤 사람들에게 적합한 지를 이야기 하고 싶다. 왜냐 하면 카페창업 또한 일반음식점 보다 사람들과의 접객서비스가 더욱 중요하게 작용할 수 있으며 그들의 입맛과 카페문화를 이해해야 만 단골을 확보하고 매출을 올릴 수 있기 때문이다. 그리고 더욱 중요한 내용은 내가 그 일을 할 수 있는가? 라는 문제이다. 카페창업을 생각하고 있다면 반드시 짚고 넘어 가야 할 내용이다.

카페창업은 사람 만나기를 유난히 좋아하는 사람들이 하는 것이 좋다. 카페는 이제 도시생활에 외로운 사람들의 열려있는 공간으로서의 카페기능이 갈수록 커지고 있다. 만인의 연인이 되어 줄 수 있는 카페 사장의 역량은 그래서 중요하다. 사람을 좋아한다는 것은 자연스럽게 고객친화력이 높은 사람이라는 얘기이다. 갈 곳 몰라 방황하는 10대들이 오면 10대들의 인생 길라잡이가 되어주고, 아웃사이더로 변해가는 듯 한 표정의 50대 고객들이 들어오더라도 그들과 친구가 되어줄 수 있는 사람, 카페창업자가 갖춰야 할 첫 번째 스타일이다.

카페도 음식점이다. 상다리가 부러지도록 음식을 잘 할 필요는 없지만 카페창업자라면 요즘 인기있는 디저트 한두가지는 자신있게 자신만의 무기로 내세울 수 있어야 한다. 간편한 한끼 식사 정도는 해결할 수 있는 메뉴를 구현할 수 있는 음식조리에 대한 전문성이 카페의 경쟁력을 높이는 요소로 작용하는 시대로 변화하고 있다. 이와 같은 내용은 카페상권 중 가장 치열한 홍대상권을 살펴보면 잘 알 수 있다. 홍대의 카페사장들은 '커피가 대표상품으로 되어서는 월세 내기 힘들다' 라고 말하고 있다. 그래서 많이 생겨나는 것이 디저트 카페다. 차별화된 빙수를 띄워볼까? 특별한 케이크를 띄워볼까? 아니면 파스타는 어떨까?를 늘 고민할 수 밖에 없다. 자연적으로 간편식사류 및 디저트나 브런치를 대표상품으로 하면서 커피를 사이드메뉴로 판매하는 테마카페에 대한 관심도는 날로 높아지고 있다.

구체적인 아이템으로는 베이커리카페, 디저트 및 브런치카페, 전통차카페, 식사류(파스타, 우동, 떡볶이) 카페, 주류카페(웨스턴바류), 외국에서 건너온 카페컨셉도 시장에서 신규매장이 늘고 있는 상황이다. 여하튼 카페창업시장에는 어떤식으로든 스타메뉴만들기에 성공해야 한다. '카페에서 이런 것까지' 라는 스타메뉴의 가치는 더욱 중요해 지고 있다.

3) 인터넷이 대세다. 새로운 마케팅 장르로 부상 !!

　외식시장의 변화와 함께 주목해야할 환경요소는 바로 인터넷의 확산이다. 기존에 P.C나 노트북에서만 가능했던 인터넷이 이제는 스마트폰의 확산으로 인해 언제 어디서든 손에서 휴대폰을 놓는 사람이 없을 정도로 대부분 사람들에게 활용되고 있으며, 우리들의 자투리 시간 전반을 지배하는 현실이다. 스마트폰은 다양한 분야에서 너무나도 많은 정보를 제공하고 있으며, 남녀노소를 불문하고 우리들 모두에게 사랑받는 기계가 아닐 수 없다.

　이와 같이 모든 사람들이 애용하고 있는 온라인 세상은 외식시장에도 많은 파급을 주고 있으며, 기존의 인터넷 포털사이트의 카페와 블로그들의 활약은 여전히 고군분투를 하고 있다. 이와 같은 온라인의 활용은 업종에 따라서는 창업의 성공을 좌우할 수도 있는 막강한 힘을 지니게 되었으며, 외식업 또한 온라인을 활용한 다양한 마케팅활동들이 이루어지고 있다. 인터넷 웹상에서의 마케팅활동이 무슨 소용이 있겠는가?하는 생각들도 많지만 이러한 가운데서도 반짝이는 아이디어를 가지고 적극적으로 활용하는 적극적인 창업자들이 늘어나고 있으며, 외식업 판매촉진전략의 새로운 장르로 떠오르고 있다.

　이와 같이 현대의 창업시장 환경은 오프라인상의 치열한 경쟁 뿐만 아니라 온라인상에서도 경쟁을 해야하는 시대를 맞이하고 있다. 물론 모든 창업자들에게 해당되는 내용은 아닐 수 있으나, 급속하게 발달하는 기술 환경에 발맞추어 마케팅 활동을 계획하는 창업 마인드도 필요하며, 그에 따른 마케팅 형태 및 수단의 변화를 강구하는 것도 올바른 창업의 준비라고 할 수 있다.

4) 지갑을 열어야 돈이 나온다. 소비 문화의 이해!!

　현재는 경기침체, 물가상승, 소득불안 등으로 불안한 경제 환경을 고려할때 소비자의 소비문화는 많은 변화가 일어나고 있다. 경제성장률과는 관계없이 국민들의 상위 소득계층보다 소득감축계층이 더 많아 지고 있는 실정이다. 이는 실속소비, 알뜰소비, 절약소비 문화를 형성하고 있으며, 창업자는 이와 같은 소비자의 소비문화 환경에 맞는 창업을 찾아야 한다. 요즈음 어느 때 보다도 저가 상품, 저가 판매방식이 시장에 쏟아지고 있지만 그럼에도 불구하고 소비문화가 뒤따르지 못하고 있는 현실이다.

　당분간은 지금과 같은 상황이 지속될 것이라는 전망이며, 경기침체와 실업률 증가 그리고 소득감소가 해결되지 않는다면 소비절약과 소비문화의 문제는 지속될 것으로 판단된다.

　이러한 소비 환경 속에서 창업자가 살아남는 방법은 현재의 시장에 맞는 상품전략과 판매전략을 짜야 하는데, 좋은 상품을 저렴하게 판매하는 메스티지문화로 창업을 시작하는 것이 리스크를 줄이는 방법 중의 하나라고 할 수 있다.

　소비자를 쫓아가지 말고 소비자의 마음을 사로잡아 스스로 소비자가 접근하게 만들어야 성공하는 창업을 시작할 수 있습니다.

5) 창업시장 환경에 빠르게 적응하는 능력이 필요하다.

이와 같은 창업시장 환경 속에서 성공할 수 있는 평가대안을 제시하면 다음의 4가지로 요약해 볼 수 있다.

첫째, 철저히 준비하고 교육하라 !

창업진입을 위하여 사전에 자신과 맞는 창업아이템 선정은 물론 사업수행계획을 수립하고 그에 준한 모든 절차를 시간에 구애받지 않고 진행 시켜야 할 것이다.소비자를 쫓아가지 말고 소비자의 마음을 사로잡아 스스로 소비자가 접근하게 만들어야 성공하는 창업을 시작할 수 있다.

둘째, 체험을 통한 실전 훈련을 갖추어라 !

선택한 창업 아이템이 현재 시장에서 어떤 내용으로, 어떤 방식으로, 어떤 고객층과, 어떤 판매방식으로 운영을 하고 있는지 실전 훈련하는 것만큼 확실한 경험과 노하우를 얻는 방식은 없다. 최소한 3개월 정도 체험경험을 하는 것이 중요하다.

셋째, 생각만 하지 말고 행동하라 !

모든 사람은 지식만 많이 갖고 생각으로 그치는 경우가 많다. 움직임이 둔해지면 그만큼 시장에서 멀어진다. 고객과의 관계에서 제일 중요한 것은 고객이 무엇을 좋아하고, 무엇을 원하는지 그것을 빨리 찾아내어 고객에게 전달해주는 행동력이 최우선이다.

넷째, 포화시장 속 80%는 경쟁력을 잃은 모방창업을 하라!

형식적인 창업은 당연히 경쟁력이 없다. 그래서 실패하는 창업자가 많은 것이다. 위기를 기회로 전환시켜서 현재 시장 속에 새로 진입하는 창업자는 스스로 차별화된 내용으로 자신만의 특화된 방식을 선택하여 경쟁력을 높인다면 결코 실패하지 않을 것이다.

2. **외식창업**, 살펴보고 두들겨보자.

미래의 유망산업인 외식산업은 어떤 이유로 주목을 받고 있을까? 여성의 경제활동의 증가로 인해 맞벌이부부의 증가, 해외여행을 통한 다양한 식문화의 발전과 다양한 식습관과 식생활의 욕구 등으로 외식소비가 빠른 속도로 증가하면서 식생활에서 차지하는 비중이 50%에 육박할 정도로 확대되고 있다.

외식소비분야는 해외여행 등으로 인한 문화 및 주5일제 근무로 인한 레저 활동과 연계한 형태 등으로 전문화되고 세분화되어 간다.

또한 여성의 경제활동의 증가로 외식소비의 형태는 간편성과 편리성을 추구하는 경향이 확대되면서 중식(외부에서 조리된 식품을 구입하여 가정내에서 소비하는 유형)이 늘어나고 있다.

외식산업의 소비의 변화를 주는 요인과 변화에 알아보자!

1. 맞벌이 부부 증가에 따라 여성의 사회진출이 늘어나고, 핵가족화, 만혼 등으로 소가구가 늘어나면서 대량생산 대량판매 보다는 소량이라도 건강지향적인 음식을 선호한다.
2. 패스트푸드의 증가와 서구화된 식단으로 언제어디서나 간단하게 먹을 수 있고 SNS주문, 배달, 포장 등 다양하고 쉬운 방법으로 가격도 저렴한 외식을 선호한다. 편리성이 또 하나의 경쟁력있는 상품이 되었다.
3. 해외여행의 보편화로 인해 해외음식에 대한 관심과 친숙함으로 에스닉푸드의 증가와 식재료 및 수입양념의 증가로 다양한 식문화를 즐기는 소비층이 늘어나고 있다.
4. 주5일제 근무와 교통의 발달, 소득수준의 증가로 레저생활과 여행이 증가하고, 각종 지방 행사로 인한 지방색이 강한 전문점 등이 강세를 보이고 있다.
5. 예전과 달리 국내외 외식관련학과 및 전문인력의 증가와 조리기술의 발전과 더불어 첨단기술과 접목한 주방시설의 자동화 등으로 다양한 외식산업의 발전과 변화를 하고 있다.
6. 외식산업은 더 이상 허기를 채우는 산업이 아니라 음식이상의 문화적 요인을 찾아 여가와 레저의 장소로 변화되고, 다양한 개성의 욕구를 추구하므로 다양한 형태의 외식문화가 생겨나고 있다.

외식산업은 경기변동에 민감한 편이다. 고객들은 소비심리가 위축되면 식단가가 높은 고관여품목이거나 기호식품일수록 지출을 축소하는 경향이 있다. 경제성장률이 떨어지고 불황이 지속되면서 외식산업의 화려한 날은 지나간 것일 수 있다. 그러나 위에 언급한대로 고객의 소비심리를 잘 파악하고 변화에 민감하게 대처하여 틈새시장을 개척하고 나만의 독특한 메뉴로 승부를 할 좋은 시기일 수 있다.

PART
2

성공적인 외식창업을 위한

컨셉을 중심으로 한 메뉴상품

1. 창업준비, 발로 뛰어야 머리도 산다!
2. 창업시작, 컨셉을 정하면 일이 쉬워진다!
3. 우리가게의 얼굴, 메뉴 철저히 계획하자!

1. **창업준비**, 발로 뛰어야 머리도 산다!

매년 창업자가 늘어나지만 1년 이상 창업을 유지하는 사업자는 전체의 10%에도 못 미친다. 준비된 창업은 그만큼 실패의 확률도 낮아진다. 성공하는 창업도 중요하지만 실패하지 않도록 실수를 줄여가는 것이 더 중요하다. 창업의 형태, 방향설정, 마음가짐, 창업아이템, 자금조달규모, 현장체험방법 등 창업준비를 위한 구상작업을 완료하였다면 이제부터 본격적인 창업을 준비하는 단계다.

유망업종과 유행업종을 구별하는 것도 중요하다. 한때 유행하다 실패하는 유행업종은 잘 되는 것처럼 보이지만 유행이 지나면 금방 시들어진다. 아이템에도 라이프사이클이 있다. 우리가 다 알 때의 유행업종은 성숙기를 지나 쇠퇴기로 접어들고 있고, 우리가 해야 할 유망업종은 늦어도 성장기에 접어들 때 진입하여 우리는 성숙기를 지나야 한다. 이런 유망업종과 본인에 맞는 적합업종을 선택할 수 있는 안목을 기르는 것이 중요하다. 본격적으로 현 상태의 경기흐름과 창업환경을 이해하면서 아이템선정, 창업자금 조달방법, 상권분석과 점포계약, 사업타당성분석 등에 대하여 검토한다.

1) 창업준비 ; 아이템을 찾자

아이템 선정은 창업의 중요한 단계다. 어떤 제품(서비스)을 팔 것인가 하는 실질적인 사업내용을 결정하는 것으로 창업을 하려는 사람의 전공과 적성, 취미, 자금능력, 성격, 주변 여건 등을 충분히 고려한 후 업종 및 아이템을 선택해야 한다.

1. 성공모델점포를 선정해보자. 창업아이템이 정해지지 않은 경우에 선택의 폭을 줄일 수 있고, 모델점포를 벤치마킹하고, 조사분석하여 해당업종에 다각적인 분석을 해본다. 또한 구체적으로 본인의 자본과 유사한 비교대상을 정하여 매장규모, 점포의 위치와 접근성, 예상매출을 조사분석해보는 것이 좋다.

2. 온라인을 통한 정보수집방법으로는 소상공인시장진흥공단에 신사업아이템, 상권조사프로그램 등에 유용한 소상공인시장에 대한 정보와 실질적인 도움이 되는 자료가 많이 있고, 교육프로그램도 있다. 통계청의 인구통계분석 등을 찾아 인구분석과 상권, 아이템분석에 도움이 되는 자료들이 많다. 검색엔진을 통한 아이템분석(구글, 네이버에서 본인의 관심분야조사), 해외동향, 국내동향을 조사한다.

3. 재래, 도매시장, 백화점, 농수산물도매시장, 전자상가 등 (신상품정보, 시장흐름파악 용이)에 방문하거나, 지방이나 해외여행을 통한 정보습득을 한다.

4. 신문, TV, 잡지를 통한 정보습득. 무역정보와 무역관련 출판, 정기간행물을 통한 정보습득, 회사의 사업보고서 등을 참고한다.

5. 창업박람회를 통한 아이템에 대한 정보를 습득하고 프랜차이즈 가맹본부의 사업설명회 등을 참석하여 본인의 아이템과 비교분석해보는 것도 중요하다.

2) 창업준비 ; 아이템을 선택하자

1. 자신의 적성에 맞는 업종과 사업규모를 선택한다. 자신의 전문지식, 경력, 적성을 활용할 수 있고, 본인의 자본규모에 맞는 아이템, 점포가 확보된 경우에는 입지에 맞는 아이템을 선택하는 것이 좋다.
2. 유행업종보다는 유망업종을 선택한다. 누가 좋다는 아이템보다는 성장성이 있는 업종을 선택한다. 도입기나 성장기의 아이템 투자대비 수익성이 높고, 자금과 상품회전율이 높은 아이템, 경기불황 등 경기변화에 능동적으로 대처할 수 있는 아이템을 선택한다.
3. 인생을 바쳐서 하고 싶은 일, 사명, 직업적 소명의식을 가지고 평생을 바쳐서 하고 싶은 일과 연관이 있는 아이템을 선택한다. 취미와 연관된 아이템이라면 아무리 힘들어도 즐길 수 있는 아이템을 선택한다.

3) 창업아이템 선정 시 유의사항

아이템은 특별한 아이디어를 가지고 창업에 임하는 것도 좋지만 실패가능성도 있기 때문에 본인의 적성을 고려하여 대중적이고 일반적인 업종을 선택하는 것도 한 가지 방법이다. 창업아이템 선정 시 아래의 유의사항을 참고하여 불황기에도 안정성있고 성장기나 성숙기에 성장해 나갈 수 있는 아이템을 선정해야 한다.

4) 선정아이템의 타당성분석방법

1. 시장성분석 : 시장의 현황과 전망을 분석하여 선정아이템의 수요규모와 매출가능성을 검토하는 과정이다. 수요예측과 매출수준을 파악하기 위해서 시장환경 및 시장현황분석, 고객수요분석, 고객수요 예측, 판매전략 검토, 매출액분석 등과 관련된 내용들을 검토한다.
2. 기술성분석 : 선정아이템을 생산 또는 서비스하는데 소요되는 기술의 타당성과 투자금액과 원가의 적정성을 검토하는 과정이다. 기술의 타당성과 투자, 원가의 적정성을 파악하기 위해서 아이템 특성, 기술적 타당성의 분석과 투자금액, 제품원가의 산출과 분석 등과 관련된 내용을 검토한다.
3. 수익성분석 : 선정아이템의 이익 수준과 현금흐름의 경제성을 검토하는 과정이다. 이익과 현금흐름을 파악하기 위해서는 매출액, 비용, 이익, 손익분기점, 현금흐름의 산출과 분석 등과 관련한 내용들을 검토한다.

성공적인 외식창업을 위한

2. **창업시작,** 컨셉을 정하면 일이 쉬워진다 !

1) 외식문화와 컨셉의 중요성

외식문화 즉, 먹는 일과 먹는 것에 관한 '食' 문화는 누구에게나 일상적이고 반복적으로 이루어 지는 '食'에 대한 가치와 식품이나 식사에 대한 태도로서 사람들의 음식에 관한 관념이나 가치 체계라고 할 수 있다. 외식창업의 핵심은 이와 같은 식문화를 이해하고 예측하는 과정에서부터 출발하여야 하며, 이를 체계적으로 접근하여 내가 원하는 목표에 다가갈 수 있도록 도움을 줄 수 있는 과정이 컨셉에 대한 명확한 이해라고 단언하여 이야기 할 수 있다. 일반적으로 컨셉은 마케팅적 용어로 이해하고 있고, 이론적으로 어렵다는 생각과 이해하기도 쉽지 않다는 선입견 때문에 컨셉에 대해 이해하고 있다고 하더라도 창업과정에서 이를 적용하기는 쉽지 않은 것이 일반적인 창업현실이라고 할 수 있다. 단순한 예로 분식점을 오픈 한다고 생각해 보면 가장 먼저 생각하고 결정짓는 일이 가게이름을 짓는 일 즉, 상호를 결정하는 것이다. 예를 들어 우정분식, 맛나분식, 영희네분식집 등이 그런 사례이다. 분식점인지는 알 수 있지만 어떤 분식집인지를 이해시키는 컨셉이 명확하지 않은 것이 공통점이다. 하지만 명확하게 생각할 수 있는 것은 개인이 운영하는 분식점이라는 것은 알 수 있을 것 같다.

그래서 프랜차이즈를 선호하는 것이 아닌지 모르겠다. 사람들에게 이미 상호가 알려져 있어 별도로 무엇을 파는 지 무엇이 맛있는지 홍보할 필요가 없고, 고객들은 기존의 가맹점들을 통한 경험으로 엽기떡볶이 라고 하면 매운 떡볶이로 유명한 집이라는 걸 알고 있고, 상호명에 '떡볶이' 라는 메뉴가 들어 있어 떡볶이 전문점임을 알 수 있다. 이와 같이 상호에 신선설렁탕, 종로빈대떡, 춘천닭갈비, 수원왕갈비, 목포홍어집, 장충동족발처럼 주력 메뉴명을 적으면 별도의 설명 없이도 전문점의 이미지를 풍길 수 있다. 또한 해당 메뉴가 유명한 지역의 지명을 사용하여 해당 지역의 음식 맛을 느낄 수 있다는 기대를 갖게 만든다.

상호명 한 가지를 두고 보더라도 외식 상품을 파는 이의 많은 생각들이 담겨져 있음을 가늠해 볼 수 있다. 이와 같은 생각들은 굳이 마케팅 용어로 이야기 해보면 CI (Coporation Identity)로도 볼 수 있고, 마케팅전략이라고도 얘기할 수 있지만 쉽게 생각해 보면 오랜 경험을 통한 경험치라고 얘기할 수 있다. 처음부터 성공하는 사람들도 있겠지만 이는 매우 드문 예이고, 외식업하는 사람들치고 망해보지 않은 사람이 없다라고 말할 정도이다. 이와 같이 외식업을 하다 보면 노하우가 쌓이는 데, 이러한 경험치는 돈을 주고 살 수 없다. 물론 여유자금이 있다면 경험이 있는 사람들을 고용하는 방법도 있지만 모든 것을 전문 고용인에게 의지한다는 것은 매우 위험천만한 일이 아닐 수 없다.

그럼 외식업에서의 경험치는 어떤 것일까? 궁금해지지 않을 수 없다. 경험치는 앞서 설명한 '食'에 대한 가치와 식품이나 식사에 대한 태도 즉, 사람들의 음식에 관한 관념이나 가치 체계를 어느 정도 이해하는 것이라고 할 수 있다. 그래서 체계적인 영업시스템을 갖고 있고, 많은 노하우를 통해 실패 가능성이 적은 프랜차이즈 가맹점을 선택하는 가장 큰 이유이다. 그렇지만 프랜차이즈 가맹점이 되기 위해선 일정금액의 가맹비(로열티)와 교육비, 식재료와 주방기구를 포함한 식자재의 독점 공급, 규격화된 인테리어 설비 투자 등 투자비용이 만만치 않다. 프랜차이즈 가맹점을 하지 못하는 이유 중 가장 큰 부분이다. 따라서 외식업을 경험해 보지는 않았지만 많은 정보들을 분석해서 종합해 보고, 이를 통해 이런 저런 것들을 예측해 보는 일련의 과정이 필요하며 이를 통해 컨셉을 이해해 보도록 하자.

2) 컨셉의 이해

컨셉은 1차적으로 메뉴의 특성(attribute, 본성 또는 속성)이다. 예를 들어 간단한 식사대용의 한 끼는 김밥, 라면, 국수 등을 생각하고 고기류가 들어간 탕 종류의 한끼 식사는 설렁탕, 뼈다귀해장국, 순대국밥, 추어탕, 갈비탕 등을 떠올리며 면류의 한끼 식사는 바지락칼국수, 김치수제비 등 을 생각하는 것처럼 여러 가지 분류기준으로 나누어 볼 수 있다. 이와 같이 기본적인 메뉴의 특성이 1차적인 컨셉이라고 할 수 있다.

2차적인 컨셉의 영역은 기다리는 시간과 돈을 단축할 수 있고 푸짐하지는 않지만 식사대용으로 먹을 수 있고 설렁탕은 육류의 기본 속성인 영양섭취와 탕 국물을 먹음으로써 술 먹은 다음 날 속이 편해진다 등 1차적인 메뉴를 먹음으로써 얻어 지는 소비자의 편익(benefit)이 있다. 편익은 메뉴의 특성이 고객에게 주는 특별한 혜택이다.

3차적인 컨셉의 영역은 가치(value)로서 고객이 메뉴상품을 통해 느끼는 정서 또는 만족감을 의미한다. 쉽게 말하면 해당 메뉴를 통해 얻는 만족스러운 느낌이나 감정이라고 할 수 있다. 이것은 앞서 얘기한 2차적인 컨셉의 영역을 포함하고 있다고 할 수 있다.

이를 종합해 볼 때 김밥의 컨셉은 간단한 식사대용으로 평소 좋아하는 김밥을 먹음으로써 시간과 돈을 절약하고 무리한 식사를 통한 포만감이 없고 비만을 걱정할 필요가 없다는 이익과 함께 한끼 식사를 해결하였다는 만족감을 갖는 것으로 생각해 볼 수 있다.

그리고 설렁탕은 고기류를 좋아하는 사람들이 한끼식사를 통해 충분한 영양보충을 하고 국물을 함께 먹음으로써 숙취를 해소했다는 이익을 얻었으며, 푸짐하게 잘 먹었다는 만족감을 갖는다고 예상해 볼 수 있다.

그러나 이와 같은 메뉴의 컨셉은 일반적인 측면일 뿐 개개인의 성향과 가치관이 다르기 때문에 서로 다른 가치를 가질 수 있음을 염두에 두어야 하지만 컨셉에 대한 개념 정립에는 무리가 없을 것으로 판단되며 이를 도식화 하면 〈그림1-1〉과 같다.

〈그림1-1〉 컨셉의 의미

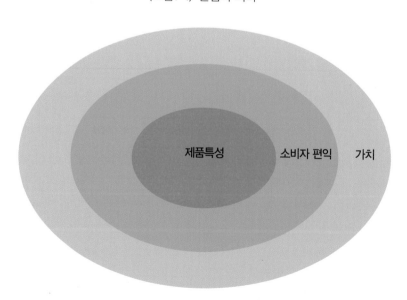

제품특성   소비자 편익   가치

3) 컨셉의 도출

이와 같이 컨셉의 의미를 외식업과 연계하여 생각해 본다면 외식창업을 위한 컨셉을 도출하는 데 있어서 가장 중요한 요소는 목표 타깃과 메뉴상품이라고 할 수 있다. 이 둘은 서로 분리해서 생각할 수 없는 요소이기도 하고 중복될 수도 있다. 그렇지만 대부분의 외식창업에 있어서는 이 두 요소를 떼어 놓고 생각해야 목표타깃에 대한 컨셉을 명확하게 설명할 수 있다. 예를 들면 10~20대를 목표 타깃으로 결정했다면 패스트푸드, 분식 등의 간단한 식사류 등을 메뉴상품으로 정해서 접근하기 때문이다. 만약 10~20대 들에게 1인기준 5~10만원 짜리 고급 일식요리를 팔려고 생각한다면 누가 보더라도 헛웃음이 나올 수 밖에 없다.

가. 컨셉 도출의 출발점

앞서 설명하였듯이 첫째, 컨셉의 시작은 목표 타깃의 결정에서부터 시작된다. 이제 외식업을 창업한다고 했을 때 여러 가지 생각을 할 수 있을 것이다. 일단 젊은 계층을 상대로 해야 할 지 아니면 중, 장년층을 대상으로 할지, 그것은 창업자 '나'의 성향과 생각들을 정리해 보면 쉽게 답을 찾을 수 있다. 예를 들어 젊은 사람들을 대상으로 활기차고 즐겁게 살고 싶다는 생각을 가지고 있다면 이들을 대상으로 하여 선호 음식을 파는 음식점을 차리거나 주점 등을 창업하면 된다.

둘째, 컨셉의 시작은 메뉴상품의 결정에서부터 시작된다. 앞서 설명한 목표타깃이 음식을 팔고 싶은 대상을 우선적으로 생각했다면 메뉴상품의 결정은 내가 팔고 싶은 메뉴를 우선적으로 결정하게 되는 것이다. 예를 들어 내가 삼겹살을 좋아하고 있고, 오랫동안 친분을 가지고 있는 사람이 마장동 축산시장에서 돼지고기 도매 납품을 하고 있기 때문에 좋은 고기를 싸게 받을 수 있어서 삼겹살 전문점을 창업하고 싶다고 생각하는 사례이다. 또는 창업자 자신이 커피를 너무 좋아해서 깔끔하고 모던한 커피전문점을 하고 싶지만 경제사정이 여의치 않고, 나이가 많아 육체적으로 힘든 일은 못한다고 한다면 테이크아웃 커피전문점을 생각해 볼 수 있다.

나. 컨셉 도출시 착안점

이렇듯 컨셉 도출을 위해 목표타깃과 메뉴상품이 핵심적인 요소이지만 결국 창업을 하는 일은 나 자신의 일이기 때문에 창업자 자신 '나'로부터 시작된다고 볼 수 있다. 한 두해 할 것이 아니라면 나의 만족도가 우선이 되어야 된다는 논리이다. 내가 좋아하지도 않는 메뉴와 내 스타일도 아닌 분위기에서 맞지도 않은 사람들을 상대해야 한다는 것 등 외식창업 컨셉의 결정은 결국 창업자 자신의 스타일, 성향, 만족도가 창업자 자질 또는 창업적합 여부, 창업성공 여부로 이어지게 되는 것이다.

이제 목표타깃과 메뉴상품의 결정에 대해서는 어느 정도 이해가 되었을 것으로 전제하고 다음 단계는 어떤 과정인지 살펴보도록 한다.

다. 컨셉 도출을 위한 메뉴상품의 결정

목표 타깃과 메뉴상품의 결정 방법 중 메뉴상품을 중심으로 컨셉의 도출을 알아보도록 하자. 앞서 예에서 본 삼겹살전문점 창업은 친분을 가진 분을 통해 양질의 고기를 싸게 공급받을 수 있다는 매우 큰 장점을 가지고 있다. 무작정 삼겹살전문점을 한다고 생각해 보면 삼겹살을 어디서 받아야 하는지, 좀 더 싼 도매집은 어딘지, 아무것도 모르고 시작해야하고 실수를 반복하며 경험을 쌓는 도리밖에는 없다고 할 수 있다. 그렇게 보면 주 메뉴인 양질의 삼겹살을 저렴한 가격에 받을 수 있다는 것은 외식창업에 매우 유리한 조건이 아닐 수 없다.

라. 컨셉 도출시 틈새시장의 이해

그럼, 다음 과정은 삼겹살전문점 가게를 어디에 얻어야 하는지 결정해야 한다. 하지만 여기에서 반드시 또 결정해야 할 일이 있다. 바로 앞서 얘기한 목표타겟의 결정이다. 목표타겟에 따라 어디에 얻을지를 알 수 있는 것이다. 삼겹살은 한국인이라면 남녀노소를 불문하고 모든 연령대에서 좋아하는 메뉴이기 때문에 어디에 가게를 구하더라도 상관 없지 않을까라는 생각을 할 수 있다. 하지만 그렇지 않다. 그렇게 많은 사람들이 좋아하는 삼겹살을 먹기 위해 많은 사람들이 비슷비슷한 메뉴로 여러 가지 아이디어를 가지고 주택가에서, 대학가에서, 직장지역에서 삼겹살전문점을 하고 있다는 사실이다. 작게는 10여평에서 크게는 6,70평대의 음식점들이 즐비하고 삼겹살전문점과 경쟁이 되는 많은 메뉴의 음식점이 줄을 세워가며 대박이 나고 있는 경우 많이 있다. 치열한 외식시장에서 살아남았다고 생각해 보면 나름대로의 노하우를 갖고 있는 외식업의 달인들이라고 할 수 있다.

이와 같이 외식업의 달인들이 있는 곳으로 들어간다고 생각해 보면 경험이 없는 창업자는 주눅이 들어야 하는 것이 당연한 현상이다. 그래야 고민하고 창업전략을 세우기 위한 위기의식이 들기 때문이다. 근거 없는 자신감만 있다고 외식창업에서 성공할 수 있다고 생각한다면 매우 큰 오산이다. 물론 자신감은 창업자가 가져야 할 기본적인 창업정신이기는 하지만 그것은 영업을 시작했을 때 필요한 요소이다.

전문적 지식이나 영업전략 없이 외식업 창업의 성공은 절대 가까이 다가서지 않는다는 사실을 셀 수 없이 되새겨야 한다. 왜냐하면 나만 잘 한다고 되는 것이 아니라 그들과의 경쟁에서 이겨야 하기 때문이다. 경쟁에서 이긴다는 것은 그들에게 찾아가야 할 손님이 내 가게로 들어와서 내가 준비한 메뉴를 맛있게 먹고 다른 가게에서는 느낄 수 없는 '만족감'을 느끼면서 기분 좋게 돈을 지불하고 돌아가는 것이다.

마. 컨셉 도출을 위한 목표타겟의 설정

모든 연령층을 겨냥하고 두리뭉실하게 삼겹살전문점을 창업할 수 없다고 느낀다면 이제는 목표타겟을 결정해야 한다. 학생중심의 젊은 계층을 대상으로 할 지, 중, 장년층의 직장인을 대상으로 할지 또는 가족단위를 대상으로 할 지 그리고 남성 중심으로 할지, 여성 중심으로 할지 등등 이에 20대의 여성을 목표타겟으로 하고 20, 30대의 남성을 서브(Sub)타겟으로 정하였다. 20대의 여성을 목표타겟으로 정한 것은 남성창업자가 손님을 접대하기에 여성이 조금 수월할 것이라는 판단과 개업 후 여러 가지 프로모션을 통해서 여성들이 입소문을 내는 데 유리할 것이라는 생각 때문이다. 따라서 20대 여성층을 목표타겟으로 정하고 이에 적합한 점포를 물색한다.

바. 목표타겟에 따른 점포의 결정

창업이 처음이니 만큼 점포는 모르는 곳보다는 잘 아는 곳이 낫다는 판단에 여기 저기 생각하다가 여대 주변이 괜찮겠다라는 생각이 들었지만 아는 사람에게 물어 보니 여름, 겨울방학기간이 길고, 방학 중에는 개점휴업상태라고 해도 과언이 아니라는 이야기를 한다. 이에 현재 살고 있는 동네에서 점포를 찾기로 하고 자금사정도 넉넉하지 않고 많은 권리금을 주고 유동인구가 많은 대로변 점포를 섣불리 계약하기란 쉽지 않다. 권리금도 못 받고 집주인에게 쫓겨 난다는 이야기를 어디에선가 들은 것 같은 생각 때문이다. 좋은 자리인것은 알지만 계약하기가 쉽지 않다. 이에 부동산중개업소에서 이면도로변 자리가 임대로 나왔다고 한다. 그래서 가보니 10여평 남짓 월세도 싸고 권리금도 없다고 한다. 그리고 주변에는 원룸주택이 많고 직장여성들이 많이 살고 있는 것으로 알고 있다.

따라서 20대 여성을 목표타겟으로 하여 점포를 계약한다.

4) 컨셉 도출하는 8가지 방법

가. 컨셉에 도달하기까지 머리로 설계하고 건축하라.

컨셉의 도출은 체계화 된 프로세스를 통한다. 따라서 기본적인 컨셉의 사고는 체계도를 활용하여 전개할 수 있고, 자신의 일에 맞게 지식과 경험을 체계도로 변형시킨다.

나. 어디로 갈 것인가, 그 발상의 시작은 어떻게 하는가?

컨셉 체계와 시작은 목표의 설정이다. 목표는 달성 가능한 것으로 구체적이고 사실적이어야 한다. 가능하면 목표 달성에 필요한 시간을 설정해 표기한다.

다. 나는 누구인가? 내가 하려는 것은 무엇인가?

컨셉은 목표와 나의 설정만으로 컨셉이 도출된다. 주어진 체계도를 모두 거칠 필요가 없다. 컨셉트리는 일의 성격이나 특성에 따라 확장되고 변형된다.

라. 상황은 어떻게 흘러가고 있는가, 지금 어떤 일이 벌어지고 있는가?

위에서 아래로 내려오는 항목의 순서를 반드시 지킬 필요는 없다. 중요도에 따라 위치를 바꾸어 전개할 수 있다. 상황이 목표와 나를 받아들이지 않으면 다시 설정한다.

마. 사람들은 무엇을 생각하고 어떻게 행동하는가?

타깃프로파일 기술로 니즈와 기회를 찾는다. 타깃 프로파일은 실제 타깃이 되어 생각하고 기술한다. 타깃 프로파일을 컨셉에 적용한다면 경험이라는 컨셉의 결정적 모티브를 얻을 것이다.

바. 컨셉이 옳고 꼭 성공할 것이라는 사실을 부정하라.

컨셉에 확신이 가더라도 일단 부정하고 안 되는 경우를 일부러 만들어 본다. 예상 시나리오를 작성하고 함정에 대비한다.

사. 컨셉에 대한 집착을 버리고 마음을 비운 다음 완전히 잊어라.

컨셉에 도달할 즈음에 컨셉에 대해 잊는다. 컨셉과 전혀 무관한 일에 몰두한다. 비우는 시간이 많으면 많을수록 좋다. 비운 다음 컨셉트리를 바라보면 컨셉이 풍부해진다.

아. 컨셉을 구체적인 한마디로 말하라.

단어, 문장, 그림, 사물 등 무엇이든지 컨셉이 될 만한 것들을 집결시킨다. 다양한 형태의 컨셉을 한마디로 표현한다. 컨셉의 조건에 의해 하나씩 제외시키는 방법으로 실행한다.

〈컨셉트리의 예_신제품 개발 컨셉 설정〉

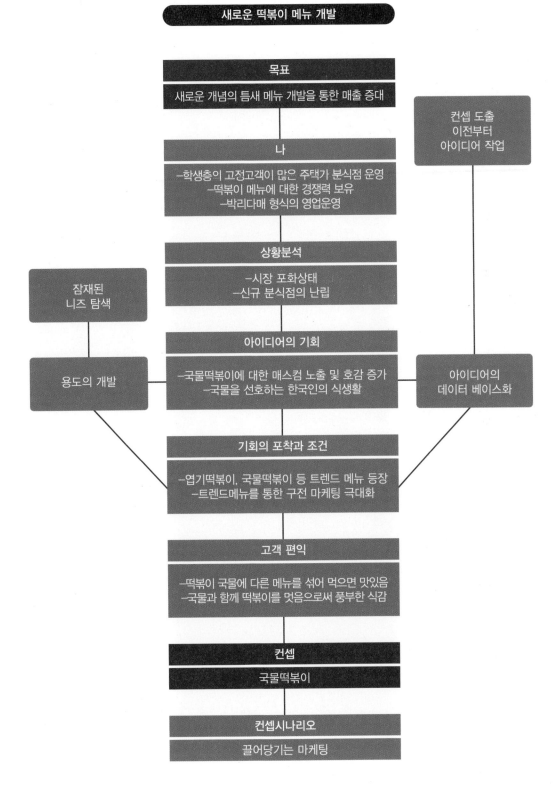

새로운 떡볶이 메뉴 개발

목표

새로운 개념의 틈새 메뉴 개발을 통한 매출 증대

컨셉 도출
이전부터
아이디어 작업

나

−학생층이 고정고객이 많은 주택가 분식점 운영
−떡볶이 메뉴에 대한 경쟁력 보유
−박리다매 형식의 영업운영

상황분석

−시장 포화상태
−신규 분식점의 난립

잠재된
니즈 탐색

아이디어의 기회

−국물떡볶이에 대한 매스컴 노출 및 호감 증가
−국물을 선호하는 한국인의 식생활

용도의 개발

아이디어의
데이터 베이스화

기회의 포착과 조건

−엽기떡볶이, 국물떡볶이 등 트렌드 메뉴 등장
−트렌드메뉴를 통한 구전 마케팅 극대화

고객 편익

−떡볶이 국물에 다른 메뉴를 섞어 먹으면 맛있음
−국물과 함께 떡볶이를 먹음으로써 풍부한 식감

컨셉

국물떡볶이

컨셉시나리오

끌어당기는 마케팅

3. 우리가게의 얼굴, 메뉴 철저히 계획하자!

1) 메뉴계획

메뉴계획이란 영업장의 위치와 종류, 규모, 형태를 바탕으로 고객은 누구이며 고객의 니즈는 무엇인지, 식재료는 어디서 구매할 것이며, 조리인원의 능력과 인원수, 조리시설을 고려하여 어떻게 조리할 것이며, 시즌별, 영양학적인 면을 고려하여, 얼마나 다양하고 조화롭게, 어떤 서비스방식으로, 얼마의 가격으로 얼마나 판매할 것인가를 계획하는 것이다.

영업장의 상황을 고려하자!

영업장의 위치나 형태에 따라 방문하는 고객이 달라지기 마련이다. 데이트, 가족모임, 단체모임, 친구모임 등 다양한 형태로 나뉠 수 있고, 조리인원의 능력과 인원수, 조리시설과 동선에 따라 메뉴의 제공방식과 담음새가 결정된다.

경영주의 개인기호에 맞추거나 조리사의 경험이나 기술수준을 과신하다가는 전체적인 컨셉에 어긋나거나, 수익성이 없거나, 독창적이지 못한 메뉴가 계획되기 쉽다. 또한 능력있는 조리사의 개인적인 수준에 의존하다보면 혹시 모를 불상사에 대처하기 어려움으로 메뉴의 매뉴얼화가 필요하다.

식재료에 따라 달라진다!

식재료의 구매처, 구매시기, 구매량 등을 생각하여 구매가 용이한지, 제철메뉴, 영양학적인 면도 충분히 고려해야 한다. 너무 다양한 식재료를 사용하다보면 자연히 손실부분도 많아지고, 사용기간도 길어지기 마련이다. 이왕이면 주된 재료를 가지고 다양한 조리방법을 구사하는 것이 중요하다. 주재료들은 식재료상을 통해 구매방법이 간편하고 대량구매시 구입단가를 낮추고, 조리작업도 간단하다는 장점이 있다. 소스나 다른 부재료를 달리하여 다양한 메뉴를 구사할 수 있다.

고객에 따라 달라진다!

방문하는 고객의 모임성격, 수준, 욕구에 따라 메뉴가 결정된다. 데이트인지, 가족모임인지, 단체회식인지, 간단한 식사인지 등에 따라 레스토랑을 선택하며 레스토랑의 선택의 첫 얼굴은 메뉴이다. 곧 메뉴에 따라 레스토랑이 선택된다고 볼 수 있다.

모든 사람들을 손님으로 받아들이고 싶지만 타겟고객을 선정해야 하는 이유가 여기에 있다. 주타겟고객을 선정하고, 그 고객이 선호도가 무엇인지, 가격은 얼마에 구입의사가 있는지를 고려해야 메뉴와 가격도 결정된다.

2) 메뉴운영방법

메뉴개발도 중요하지만 메뉴도 필요하다. 메뉴를 개발, 운영의 방법과 노하우를 알아보자!

창업메뉴 어떻게 운영할까?

창업초기 신중하고 치밀하게 세웠던 메뉴도 실제로 영업을 하다보면 생각과는 달리 고객의 반응도 높지 않고, 매출로 이루어지지 않거나 상권, 시장여건에 맞지 않은 경우가 많다. 그렇다고 무조건 바꾸기보다는 지속적으로 맛과 스타일을 개선하여 고객의 반응을 예의주시하여야한다. 또한 창업초기에는 새로운 영업장에서 경영주, 조리인원, 서빙인원 등 모두 익숙하지 않기 때문에 철저한 교육과 더불어 계획했던 메뉴보다는 10~20% 메뉴갯수를 줄여 운영하다가 익숙해지면 점차 늘려가는 것이 실수를 줄이는 방법이다.

메뉴의 매뉴얼화!

창업초기 분명히 능력있는 조리사를 고용할 것이다. 외식산업에서는 이직률이 다른산업에 비해 높은 편이다. 조리사의 능력만 믿고 대처하지 않으면 조리사의 이직 등 불의의 사고로 대체인력이나 매뉴얼이 없으면 영업을 유지하기가 어렵다. 또한 조리사의 능력에 따라 맛이 좋거나 맛의 변동이 있을 수 있다. 메뉴의 매뉴얼화 즉, 레시피작성은 맛이나 양의 균일화에 대한 토대를 마련한다는데 의미가 있다. 또한 주방작업을 효율적으로 할 수 있고, 분량을 토대로 원가를 안정시킬 수 있고, 새로운 조리사가 왔을 때 맛의 유지와 가르쳐주는데 시간이 절약된다.

우리가게 스타메뉴!

우리가게 스타메뉴를 만드는 방법은 여러 가지가 있다. 우선 '우리가게만의 색을 내는 것' 이 중요하다. "아~ 그 집은 그 메뉴"하고 떠올리게 하는 메뉴를 만들자. 우리가게 스타메뉴는 그 영업장의 매출과 공헌도가 큰 메뉴가 될 것이다. 누구든 매장에 들어오면 스타메뉴를 주문하고 더불어 다른 메뉴들을 주문할 것이다. 스타메뉴 대표메뉴를 적극적으로 어필하여야 한다. 사진이나 손글씨(캘리그라피) 등으로 매장이나 외부에 걸어두거나 블로그나 카페, 페이스북 등 SNS을 적극 활용하여 홍보한다.

PART
3

창업실행

1. 사업계획서, 전체적인 그림 그리자!
2. 창업시작, 매일 매일 초심을 지켜 나가면 된다!
3. 창업시작, 이제는 추진력이 필요하다!

1. 사업계획서, 전체적인 **그림 그리자!**

사업계획서란

사업을 시작할 때 꼭 필요한 도구이면서 가장 중요한 것으로 사업실패를 최소화할 수 있는 무기이다. 창업자가 사업을 시작하고 영위하고, 지속적으로 성장시키기 위하여 구체적인 의지와 생각을 체계적으로 정리한 문서이다.

사업계획프로세스

1. 사업내용을 정리한다.
- 회사/창업지, 이이템/메뉴, 제품/서비스, 핵심역량

2. 사업환경을 검토한다
- 거시환경, 시장환경, 경쟁업체/고객, 법률인허가, 상권, 입지

3. 사업방향을 수립한다.
- 사업장/점포, 투자자금, 상품/구매, 마케팅/인원, 사업일정

4. 사업결과를 추정한다.
- 매출, 원가/비용, 이익, 자금수지, 현금흐름

2. 창업시작, 매일 매일 초심을 지켜 나가면 된다!

창업은 나 자신은 물론, 가족의 미래가 달려 있음을 명심하고 창업자가 세운 어떠한 목표달성을 위해서라도 매 순간을 소중하게 검토 항목을 철저히 살피고 창업을 준비하는데 최선을 다하여 성공창업이 되도록 한다.

1) 창업시작의 열정 ; 나를 잊지 않는다

'일찍 일어나는 새가 벌레를 잡는다' 는 속담처럼 부지런한 사람이 이득이나 기회를 잡을 수 있다. 창업에 성공하는 사람들은 남들보다 일찍 일어나 하루를 준비하고 남들보다 늦도록 마무리한다. 창업성공의 일등덕목은 부지런함이다. 부지런하고 최선을 다하며, 솔선수범함으로써 자신감이 생기며, 이를 바탕으로 긍정적인 힘으로 성공으로 이끈다.

창업자는 일에 있어서 해야 하는 일 뿐 아니라 찾아서 일을 해야 한다. 월급쟁이처럼 시키는 일만 하는 것이 아니라 창업자는 사업에 있어서 기획하고, 행동하고 결정해야 하기 때문에 그 일에 전문가가 되어야 한다.

또한 창업자는 고객이 선호하고 원하는 것이 무엇인지 찾아내고, 관심을 가지고 욕구파악을 잘 해야 한다. 고객의 마음을 잘 헤아리고, 인간적으로 공감하며, 고객과 함께 이익을 실현하고 공유하려는 마음가짐을 가지는 것이 중요하다. '인지상정' 이라는 말과 같이 다 사람이 하는 일이라 누구나 서로 비슷한 마음과 생각을 가지고 있다. 나 혼자만 이익을 얻으려는 사람은 다른 사람들에게 공감과 동의를 구하지 못한다. 그러지 못한 상품이나 음식을 팔면 창업자는 성공하지 못한다. 성공하는 사람은 다른 사람들의 마음을 잘 이해하고 공감하며 공유할 수 있는 사람이다.

성공하는 창업자는 약속을 잘 지켜야 한다. 약속은 시간약속, 돈약속, 음식(상품)에 대한 약속 등 자신이 한 말과 행동에 대한 책임을 질 수 있어야 사업을 하면 일정한 시간에 오픈을 하고, 일정한 시간에 마감을 해야 한다. 창업자가 임의에 따라 늦게 문을 열거나 일찍 문을 닫으면 허탕을 친 고객은 다시는 발걸음을 하지 않는다. 음식의 가격이 들쑥날쑥하거나 음식에 대한 질이나 양이 다르다면 고객의 마음은 상할 것이다. 시간, 가격, 질, 양 등 뿐만 아니라 고객과의 약속들이 항상 지켜져야 성공할 수 있다.

사업에 처음부터 마지막까지 손바닥 안에 두는 전문가가 되고, 항상 약속을 잘 지키고 신용있는 사업가가 되려면 우선 건강해야 한다. 그렇게 되고 싶은 마음이 굴뚝같아도 체력이 뒷받침되어주지 못하면 송ㅇ이 없다. 아무리 바빠도 일정한 식사시간을 두고 적절한 휴식과 운동을 유지하여야 한다. 몸의 건강도 중요하지만, 정신적인 건강 또한 중요하다. 긍정적인 마인드로 웃으며, 고객과의 관계에서 겸손함을 유지하며, 자신을 낮추고 내려놓는 자세도 필요하다. 어려움을 당할 때는 포기하지 않은 정신력이 필요하며, 본인만의 스트레스해소 방법도 준비해 두는 것이 중요하다. 사람을 상대하는 일이면서 체력을 요하는 일이 외식업이다. 몸과 마음 모두 잘 다스리고, 관리하고 유지해야만 성공할 수 있다.

마지막으로 자신을 잘 알아야 한다. 내가 관심가지고 있는 분야와 나의 적성이 맞는지, 자신이 가지고 있는 자본과 사업의 규모는 맞는지, 관심가지고 있는 업종이 하고자 하는 장소와 업종발전단계가 맞는지 등 자신과 자신이 선택한 업종에 대해 잘 알아야 성공할 수 있다.

2) 창업시작의 원칙 ; 나를 믿지 않는다 !

우리나라의 자영업의 비중이 선진국에 비하여 대단히 높은 만큼 경쟁도 심하다. 자영업끼리의 경쟁 뿐만 아니라, 하루가 멀다하고 변덕을 부리는 고객의 심리를 파악하여 이 전쟁같은 외식업에서 창업자가 성공한다는 것은 '하늘의 별따기'이다. 그러므로 창업자가 성공하기 위해서는 '돌다리도 두들겨보라'는 말처럼 숙고하고 확인하고 철저하게 준비하여야 한다.

자신이 원하는 것이 무엇인지 정확하게 판단하고 자신의 위치에서 자신에게 적합한지를 판단한다. 철저한 사전조사와 분석이 필요하고 주고객층을 명확히 설정하고 공략하여 업종을 선택한다. 혼자서 결정하지 말고 경험자나 전문자와 상의하고 조언을 구하고 직접 발로 뛰면서 확인하고 준비한다. 교육 등을 통하여 사업아이템에 대한 전문지식을 가지고 있어야 한다. 그리고 솔선수범하여 궂은일도 마다하지 않고 전력으로 일할 준비가 되어있어야 한다.

예비창업자들이 가장 어려움을 겪고 있는 것 중의 하나가 창업아이템 정보, 자금조달, 입지선정, 창업실무 등이다. 따라서 창업을 준비하는 예비창업자에게는 창업교육은 필수이며 창업에 관한 행정적인 절차, 사업타당성 검토와 사업계획서 작성, 상권 및 입지분석, 자금운용 등에 대한 실무습득은 창업을 위하여 꼭 필요한 부분이다.

이러한 창업교육은 매년 소상공인시장진흥공단, SBA서울산업진흥원 등에서 무료 또는 일부부담으로 연중교육프로그램을 운영하고 있다. 창업교육이 모든 것을 해결할 수는 없지만 창업을 준비하는 사람들에게 창업교육을 받으면서 본인의 창업의지를 새롭게 하며, 다른 사람과의 교류, 새로운 정보를 습득할 수 있는 좋은 기회를 얻을 수 있고, 창업 준비를 하면서 놓칠 수 있는 부분을 체크할 수 있는 기회이다.

3) 창업시작의 안목 1 ; 이런 지역에서 가게자리를 찾아보자!

1. 아파트, 주택 지역

주거를 목적으로 형성된 지역을 말하며 외식업으로는 배달전문점과 패밀리형 음식점이 유리하다. 소량다품종 전략이 유리하며 은행 또는 시장입구가 가장 좋은 곳이다. 아파트촌 근처의 은행주변은 언제나 시끌벅적하다. 한편, 차량통행이 많은 곳보다는 주택가 진입로가 유리한 것으로 나타나고 있는데 당연한 이야기겠지만 이곳은 시내나 교외의 어느 특정지역이 아니라 일반인들의 일상적인 공간이기 때문이다. 무엇보다 주민들을 고려한 편의성과 청결성이 중요하게 작용한다.

2. 역세권 지역

전철역, 기차역, 버스정거장 등 교통의 중심지를 말한다. 도심 한복판처럼 번화한 곳도 아니고 그렇다고 주민들이 밀집되어 사는 곳이 아니다. 이곳은 일반인들이 다른 곳을 가기 위해 잠시 멈춰 버스나 기차를 기다리는 수밖에 없는 특성을 가지고 있다. 젊은 층이나 샐러리맨을 상대로 한 외식업이 유망하다.

3. 도심번화가 지역

명동, 가로수길, 이태원 등과 같은 번화가로 누구보다 젊은이들이 집중되는 지역이다. 유행성 점포가 밀집된 지역으로 쇼핑이나 만남을 목적으로 고객들이 모여드는 입지이다. 유행에 민감하고 집객력이 시설형태에 따라 수시로 변하는 곳이다. 임대료가 높아 창업 초보자에겐 위험하며 유동인구를 대상으로 한 판매전략이 필요하다. 도시의 유행이 집결하는 곳이니만큼 유행에 뒤처지거나 센스가 없다면 수많은 경쟁업체들을 극복해낼 수 없을 것이다. 패스트푸드나 커피전문점 등 퀵서비스가 가능한 외식업소가 적당하다. 임대료와 권리금이 비싸 회전율이 높은 업종이 적합하며 유행에 민감한 업종이 유리하다.

4. 대형쇼핑가 지역

백화점이나 대형 할인점 주위의 상권을 말하며 중저가 레스토랑이 유망하다. 가족 고객이나 주부들의 고객이 대부분이다. 백화점 주변의 입지는 중급의 레스토랑이 적합하고 스낵류의 음식점이나 테이크아웃 포장판매 점포가 적합하다.

5. 교외 휴양지 지역

주말이나 공휴일에 집객력이 높은 지역이다. 이 지역의 단점은 평일의 고객이 약하다는 점이다. 이를 극복하기 위해 전문음식점이나 복합점포가 유리하다. 평일은 주부들의 모임, 드라이브 즐기는 사람들이 교외로 나가는 경우가 많다. 건강식 메뉴를 도입한 식당이나 전문점이 유리하다. 지역의 입지특성을 살려 자연경관을 활용하는 것도 중요하다. 차량소통이 원활하고 가시성이 높은 입지가 유리하다.

6. 오피스 지역

사무실 밀집지역으로 도심 공동화현상이 심한 지역이다. 점심에는 자리가 없고 줄을 서야하고 야간고객이 약하다는 단점이 있다. 아침과 점심을 공략하는 것이 좋으며 대중음식점이 유리하다.

4) 창업시작의 이해 2 ; 가게자리를 보는 안목을 기르자!

고객을 끌어 들이는 데는 접근성이 결정적 요소이기 때문에 점포선정의 주요 척도는 위치인데도 대부분의 창업자는 입지선택의 어려움을 과소평가하는 경우가 많다. 상업지역에 위치하고 교통량이 많고 눈에 잘 띄는 곳을 선택하여 점포를 계약하면 좋겠지만 투자금액이 많이 들어 망설이게 된다. 또한 좋은 위치는 창업자가 정보를 입수하기 전에 결코 부동산시장에 나오는 법이 없이 중개인들끼리 거래가 이루어지는 경우가 많다. 따라서 아이템을 정하고 점포를 정하기까지의 과정은 창업자에게는 절대로 마음을 놓을 수 없는 시간이다. 해당 장소에서 점포 앞을 오가는 유동인구를 몇 날이고 세고 통행량을 조사하여 고객의 접근성, 건물의 노후정도, 주차장 등과 건물에 관계되는 서류들을 확인해서 점포를 정했다면 창업 준비의 70%는 끝난 셈이다. 점포가 사업 성공에 차지하는 비중이 크기 때문에 점포선택은 여러 가지 조건을 꼼꼼하게 따져 보아야 한다. 건물주의 성격, 주위의 평판, 현재의 직업 등과 계약조건을 꼼꼼히 따져 점포의 계약서에 신중하게 서명하여야 한다. 법은 권리 위에 잠자는 자를 보호하지 않기 때문에 직접 발로 뛰어 현장을 보고 관찰 후에 잘 따져보고 계약해야 한다.

1. 해당 지역 분석
업종의 일반적 조건에 맞는가?
사람이 어느 정도 모이는 곳인가?
유동인구는 어느 정도인가?
가까운 곳에 있는 상점가나 대형가게의 경우, 영업상태는 어떤가?
상권내의 주택상황과 소득계층은 어떤가?
지역주민의 매물동향은 어떤가?
주변지역의 토지이용 상황과 이후의 전망은 어떤가?

2. 경쟁업소 분석
경쟁점포는 어디에 있고, 그 가게는 어느 정도 번성하고 있는가?
경쟁점포를 이길 수 있는가, 혹은 이길 수 없더라도 공존할 수는 있는가?
매출은 어느 정도 예상 되는가, 이익창출은 가능한가?
앞으로 고객수의 증가를 기대 할 만한가?

3. 점포적합분석
전면폭은 적당한가?
가게의 형태는 적당한가?
주변업종과의 궁합은 맞는가?
도로에 접하여 있는가?
주차장은 있는가, 짐을 내리는 것은 가능한가?
설비에 문제는 없는가?

4. 점포임대분석
주변가게의 수준과 비교해 비싸지 않은가?
권리금과 임대료는 주변시세와 비슷한가?
준비 할 수 있는 자금규모와 맞는가?
공과금등은 높지 않은가?

5) 창업시작의 이해 3 ; 권리금을 알아야 장사를 이해한다!

권리금이란 '영업장소의 시설, 비품 등 유형물이나 거래처, 신용, 영업상의 노하우 또는 점포위치에 따른 이점 등 무형의 재산적 가치의 양도 또는 일정기간 동안의 이용의 대가'라고 정의되어진다. 일반적으로 권리금이란 임차계약 잔여기간 동안의 순수익의 합과 입지조건을 기준으로 점포크기 및 시설비 등을 감안하여 평가한다. 즉, 영업자가 점포를 매매할 때 포기해야하는 영업수익과 시설비의 합이다. 계속 영업한다면 영업자가 얻는 수익을 금전적으로 보상해주는 것이다. 상권 및 입지 분석을 완료한 후 적정 점포를 선정하였다면 이젠 실무적으로 계약조건을 파악해야 한다. 마음에 둔 점포가 기존에 장사를 하고 있는 점포라면 보통 권리금이 붙어 있을 것이고 그러한 권리금이 적정한 지도 파악해야 할 것이다. 권리금에는 시설권리금, 영업권리금, 바닥권리금 등 3가지의 성격을 가지고 있다.

영업권리금

영업권리금이란 경영주가 점포를 운영하더라도 나올 수 있는 기본 이익이기 때문에 영업주가 운영을 하면서 단골 고객의 확보, 영업력 등을 발휘하여 꾸준한 매출을 올리고 있었다면 본인이 그 점포를 인수하여 영업하더라도 어느 정도는 매출을 보장 받을 수 있으므로 그에 대한 보전 성격의 금액이다. 영업권리금은 보통 1년의 평균적으로 발생되는 매출이익을 칭한다. 예를 들어, 월 200만원 정도의 순이익을 올리고 있는 점포라면 연간 순이익은 2,400만원이므로, 이 점포의 영업 권리금은 2,400만원이라고 생각하면 될 것이다.

시설권리금

시설권리금이란 기존의 영업주가 초기 창업할 당시 시설비용을 말한다. 내부 인테리어, 집기비품, 주방기기 등 시설물에 투자한 금액에 대해 보전해 주는 성격의 권리금이다. 시설에 대한 금액은 감가상각을 통해 보통 3년 정도면 소멸한다고 보면 적당할 것이다. 즉 기존의 영업주가 시설비로 6000만원을 투자하고 2년간 장사를 한 후 점포를 양도하는 경우라면 보통 잔여시설에 대한 적정 권리금은 2000만원 정도라고 생각하면 될 것이다. 다만, 아직 시설물이 깨끗하고 굳이 사용하는데 무리가 없겠다 싶으면 조금 더 생각해 줘도 될 것이다.

바닥권리금

바닥권리금이란 점포가 좋은 입지에 위치하고 있어서 위치에 대한 프리미엄이라고 보면 무방할 것이다. 좋은 입지에 점포가 위치해 있으므로 기본적인 매출은 보장받을 수 있다는 얘기다. 보통 유명 대형 상권 내 좋은 입지나 신도시의 상업지역에 대형 상가빌딩이 다수 지어질 때 좋은 위치의 신축 상가 건물에 이러한 바닥권리금이 형성되어 있는 경우가 많다. 이는 누가 들어오던 간에 어느 정도의 매출이 나올 것이라는 기대감에 대한 보상금 같은 성격이다. 이러한 3가지 성격의 권리금을 종합하여 보통 권리금이라고 칭한다. 예비창업자들은 이러한 권리금의 성격을 알아야 기존 점포에 대해 권리금이 적정한가를 판단할 수 있고 권리금을 조정할 때도 어느 정도 기준을 잡을 수 있을 것이다.

예비창업자들이 주의할 점은 권리금을 주고받는 것은 전적으로 관행에 의한 것일 뿐 법률적인 규정이나 근거는 그 어디에도 없다. 법률적으로 반환을 보장 받지 못한다는 뜻이다. 따라서 권리금은 임대차 계약기간 동안의 사업수익으로 충분히 충당될 수 있을 정도여야하고, 통상 상가의 임대차계약이 1년 또는 2년 단위로 이루어지는 것이 보통이므로 1~2년 내에 사업수익을 통해 상쇄시킬 수 있는 범위의 금액이 적당하다고 할 수 있다. 또 다른 사람에게 점포를 인도할 때 권리금을 받아갈 수 있어야 한다. 하지만 건물주가 계약 만료 후 계속 임대를 하지 않는 경우에는 권리금을 회수할 방법이 없게 된다. 권리금의 빈환에 대한 특약을 임대차 계약상에 명시하기도 하지만 권리금에 대한 법률적인 규정이 없기 때문에 송사에 휘말리게 될 경우 불리한 경우가 대부분이다.

예비창업자의 경우 대다수가 권리금이 싼 점포나 아예 없는 점포를 원하는 경우가 많은데, 매우 위험한 생각일 수 있음을 명심해야 한다. 신축건물을 제외하고 권리금이 형편없이 싸거나, 아예 없다는 얘기는 장사가 전혀 안되는 지역이고 자신이 특별한 노하우를 가지지 않는 상태에서는 해당 장소에 입점할 경우 실패할 확률이 높다는 것을 인식해야 한다.

6) 창업시작의 포인트 ; 내 가게가 생긴다!

외식업소를 인수, 인계할 때는 보통 영업신고증의 명의만 변경하면 된다. 그러나 새로이 영업신고증을 낼 경우에는 반드시 구청 지적과에서 건축물관리대장을 확인해야 한다. 용도란에 일반음식점일 경우는 관계없지만 근린생활시설이나 점포일 경우는 정화조 용량이 미달될 때는 영업신고를 할 수가 없다.

영업이 잘되는 업소가 매물로 나와 있는 경우에는 왜 가게를 내놓았는지 사실 확인을 해야 한다. 일부는 권리금만 받고 가게를 넘기고 멀지 않은 곳에 확장하여 다시 개업하는 경우가 있으며, 그럴 경우에는 단골 손님마저 몰고가기 때문에 낭패를 당한다.

그리고 점포 계약 시 부동산 계약은 법률행위로서 임대인과 임차인의 승낙의사의 일치가 이루어지면 성립되는 것으로 이를 증거로 남기기 위하여 서면으로 계약서를 작성하게 되는데 계약서의 기재내용 중 임대차 목적물의 표시, 대금의 액수, 지불방법(계약금, 중도금, 잔금), 지불시기, 임대인 임차인 및 중개업자의 인적사항, 목적물의 명도시기, 기타 특약사항 등은 필수 기재사항이며 아래 내용을 자세히 살펴보고 계약하는 지혜가 필요하다.

1. 건물주와 직접계약 건물주 명의로 작성
2. 임대료 확정시 지급 기준일 명시
3. 임대기간 확인(임대차보호법 기준)
4. 임차보증금 / 월세 인상폭 / 월세 계산방법 기재
5. 계약 종료시 구축물(시설)처리
6. 가급적 입회인(부동산)입회
7. 보증금, 권리금 등 자금 규모 확인
8. 건물주의 신용상태조사
9. 등기부 등본 열람
10. 습기, 누수, 배수, 화장실, 전기, 수도, 가스시설 등

3. 창업시작, 이제는 **추진력**이 필요하다!

창업준비과정은 새로운 생명을 탄생시키는 것처럼 조심스럽고 부족함이 없이 철저하게 진행되어야 한다. 항상 현장을 중시하고 사업을 수행할 수 있는 능력 등 기본적인 골격이 갖추어졌다고 생각이 들면 이제부터 본격적으로 창업을 실행하는 단계다. 그리고 창업자 자신의 주관, 생각, 지식 들이 총합되어 표출되는 단계이기도 하다. 여기에서 가게이름은 무엇으로 할까, 인테리어는 어떻게 해야할지 고민이 생기기 마련이다. 앞에서 언급한 컨셉에 대해 숙지하고 정리해 보는 것이 중요하다.

상호
상호는 사업에 대한 컨셉의 집약이라고 볼 수 있다. 사업의 성격과 고객에 대한 어필이라고 볼 수 있으므로 호감가고, 친밀한 느낌의 상호가 성공창업의 지름길이다.

인테리어
인테리어는 고객유인 수단의 하나이며, 인테리어를 어떻게 하느냐에 따라 상품의 구입여부가 달라지기 때문이다.

영업신고 및 사업자등록
사업하려면 일정한 기간 안에 관할 세무서에 사업자등록을 하여야 한다. 사업자등록은 사업장마다 하여야 하며, 사업을 시작할 날로부터 20일안에 구비서류를 갖추어 세무서 민원 봉사실에 신청하면 된다. 사업을 시작하기 전에 등록을 할 수도 있다. 사업을 시작하기 앞서 상품 또는 시설자재 등을 구입하면서 세금계산서를 교부받고자 할 경우 예외적으로 사업을 개시하기 전에 사업자등록을 할 수 가 있다.

종업원 채용
사업은 곧 사람이란 말이 있듯이 사업의 성공을 약속하는 최대의 자원이 종업원이기 때문이다. 종업원을 채용하는 방법에는 여러 가지가 있지만 최근에는 프랜차이즈 가맹점의 신규창업이 늘어가면서 체인가맹본부에서 교육받은 직원을 선호하는 경향이 늘고 있다. 종업원을 채용할 때에는 업무의 성격을 명확히 하고 어떤 업무를 시킬 것인지, 급여는 얼마로 책정할 것인지, 아르바이트로 할 것인지, 남녀종업원 중 누구로 할 것인지 등을 결정한다.

홍보마케팅
자신의 사업에 맞는 효과적인 홍보방법을 찾아내어 소비자의 눈높이에 맞추어 홍보활동을 하여야 한다. 홍보방법으로는 전단지, 인터넷, 이벤트, POP(Point of purchase), 구전마케팅 등이 있다.

개업준비
각 단계별로 체크리스트를 준비하여 소요기간을 정하고 일의 우선순위에 따라 차근차근 준비한다.

PART
4

성공적인 외식창업을 위한

스타메뉴의 조리레시피

1. 디저트카페메뉴
2. 델리메뉴
3. 술집메뉴
4. 밥상메뉴

디저트 카페 메뉴

우유팥빙수

인삼아이스크림

생강라떼

무리병

영양견과바

인절미토스트

단팥소스찐빵

춘권피롤 튀김

콩스프레드 · 크림치즈딥

감자스콘

그래놀라

레어치즈케이크

퍼넬케이크

아이스크림와플

바게트토스트

우유팥빙수

재료
우유 1L, 연유 2T
팥빙수팥(팥 300g, 소금 $\frac{1}{2}$t, 설탕 130g, 올리고당 100g
인절미 약간

만들기
1. 우유와 연유는 분량대로 섞어서 냉동고에 얼려둔다.
2. 냄비에 깨끗이 씻은 팥을 넣고 물을 넉넉히 부은 후 첫 번째 끓인 팥물은 버린다.
3. 1에 4~5배의 물과 소금을 넣어 무를 때까지 푹 삶아준다.
4. 충분히 삶은 팥은 취향에 따라 으깨주고 설탕, 올리고당을 넣어 약불로 조린다.
5. 1을 곱게 갈아서 그릇에 담고 4의 삶은 팥과 인절미를 얹어 낸다.

창업 advice
여름메뉴였던 팥빙수는 지구온난화의 영향으로 우리나라도 여름이 길어지면서 빙수는 4계절 내내 매출을 올릴 수 있는 "좋은아이템"이다

인삼아이스크림

재료
바닐라 아이스크림 800g, 다진 인삼 70g, 다진 잣 2T
흑임자가루, 견과류강정 약간, 인삼 뿌리 약간

만들기
1. 바닐라 아이스크림, 다진 인삼, 다진 잣을 분량대로 골고루 섞은 후 냉동고
   에서 얼린다.
2. 인삼을 슬라이스 한 후 흑임자가루를 묻히고, 견과류강정을 준비한다.
3. 그릇에 1의 아이스크림을 스쿱으로 떠 담고 2의 재료를 보기 좋게 담아
   낸다.

창업 advice
아이스크림은 인공감미료를 넣는 것이 일반적이지만, 최근 건강을 생각하는 소비자들
에게 천연과일 등 신선한 재료를 함유한 수제아이스크림이 큰 인기를 얻고 있다. 과일
뿐만 아니라 인삼, 대추, 견과류 등 한국적인 재료를 사용하면 한식디저트 카페의 히트
메뉴가 될 수 있다.

성공적인 외식창업을 위한

생강라떼

재료

생강청(생강즙 1L, 흑설탕 1kg)

우유 200ml, 잣, 계피가루

만들기

1. 생강즙과 흑설탕을 섞어 약한 불에서 뭉근히 4시간 이상 끓인다.

2. 우유는 따뜻하게 데운 후 100ml의 우유는 생강청을 각자의 기호에 맞게 섞어준다.

3. 그의 남은 100ml의 우유를 따뜻한 우유는 거품기로 거품을 낸다.

4. 컵에 2와 3을 순서대로 담고 계피가루와 잣을 얹어 낸다.

창업 advice

생강은 보통 생강차로 이용하지만 우유를 섞어 만든 생강라떼는 동.서양이 함께 어우러진 음료로 개발 할 수 있다. 생강 뿐만 아니라 대추, 곡물 등을 이용하여 다양한 라떼를 만들 수 있다

무리병

재료

멥쌀가루 3C, 소금 $\frac{1}{2}$t, 설탕 3T, 물 1T

대추, 잣

만들기

1. 멥쌀가루에 소금, 물을 섞어 체에 여러번 내린 후 설탕을 섞는다.

2. 1의 멥쌀가루를 시루에 넣고 김오른 찜기에서 쪄낸다.

3. 2의 쪄낸 무리병 위에 대추와 잣을 얹어 낸다.

창업 advice

무리병은 설기떡이라고 하는데 고물 없이 찌는 떡이다. 옛 조리서인 〈규합총서〉에 '신과
병'이라는 햇과일을 넣어서 찌는 떡이 있는데 요즘은 사과, 키위 과일을 넣어 다양하게
이용할 수 있다.

성공적인 외식창업을 위한

영양견과바

재료

쌀튀밥 3C, 견과류 2C, 말린과일 $\frac{1}{2}$C, 통깨 4T, 흑임자 4T, 소금 $\frac{1}{2}$t, 설탕 2T, 물 1T, 조청 150g

만들기

1. 팬에 쌀튀밥과 견과류를 넣고 볶다가 말린과일과 통깨, 흑임자, 소금을 넣고 볶는다.
2. 팬에 설탕과 물, 조청을 넣고 끓으면 1의 재료를 모두 넣어 섞어주면서 볶는다.
3. 뜨거울 때 틀에 넣어 평평한 밀대로 밀고 식으면 먹기 좋은 크기로 썰어서 낸다.

창업 advice

영양견과바는 서양의 시리얼과 같이 충분히 아침식사대용으로도 가능하며 카운터 비치 상품으로 추가매출을 올릴 수 있는 상품이다.

성공적인 외식창업을 위한

인절미토스트

재료

식빵 2장, 인절미 4~5조각

블루베리잼, 견과류, 아몬드슬라이스

무화과조림, 콩가루, 메이플시럽

만들기

1. 식빵은 살짝 구워 인절미를 얹고 전자렌지에 돌린다.

2. 1의 빵에 블루베리잼과 견과류, 아몬드슬라이스를 얹고 식빵 1장을 다시
   얹는다.

3. 2의 빵위에 콩가루, 무화과조림, 메이플시럽을 뿌려 낸다.

창업 advice

퓨전카페의 대표적 메뉴로 토스트의 바삭함과 인절미의 쫀득함을 동시에 즐기며 남녀
노소 모두 좋아하는 메뉴이다.

성공적인 외식창업을 위한

단팥소스찐빵

재료

찐빵 5개

팥앙금 $\frac{1}{2}$C, 물 $\frac{1}{3}$C, 계피가루

만들기

1. 찐빵은 찜기에 찐다.

2. 냄비에 팥앙금, 물을 넣고 끓인 후 계피가루를 섞는다.

3. 접시에 찐빵을 담고 2를 부어낸다.

창업 advice

찐빵의 단순함을 단팥소스와 곁들여 만든 디저트로 응용한 메뉴이다. 팥을 응용한 대표적 메뉴는 단팥죽, 팥빙수 등이 있지만 팥은 앞으로도 다양하게 활용 가능한 식재료이며 폭넓게 개발할 수 있다.

춘권피롤 튀김

재료

춘권피 8장, 팥앙금 8T, 떡볶이떡 8줄
슈가파우더, 메이플시럽

만들기

1. 춘권피에 떡볶이떡과 팥앙금을 길게 놓고 춘권피를 돌돌 말아 준다.
2. 1의 춘권피를 180도 기름에서 튀겨 준다.
3. 2를 그릇에 담고 슈가파우더와 메이플시럽을 뿌려 낸다.

창업 advice

각종 채소나 육류를 넣어 튀기는 요리의 한 종류인 스프링롤을 떡, 과일, 팥, 치즈, 고구마 등을 넣어 변형시킨 메뉴로 다양하게 응용 가능한 디저트이다. 디저트 카페 메뉴 뿐만 아니라 맥주 안주로도 활용가능하다.

콩스프레드, 크림치즈딥

콩스프레드

재료

소스(물 300g, 소금 1T, 설탕 ½C, 꿀 1T, 식초 3T, 레몬즙 1T)
삶은콩 500g, 호두 30g, 크랜베리, 마요네즈, 크레커

만들기

1. 냄비에 분량의 소스재료를 넣어 끓여서 식힌 후 삶은콩과 호두를 섞어 하루 동안 냉장보관 한다.
2. 1의 재료를 굵게 다져서 크렌베리와 마요네즈에 섞고 크레커와 낸다.

크림치즈딥

재료

넛트류 500g, 크림치즈 300g, 사워크림 100g, 꿀 80g, 흑설탕 30g

만들기

1. 넛트류는 팬에 볶은 후 다진다.
2. 실온 상태의 크림치즈에 사워 크림, 꿀, 흑설탕, 1의 다진 넛트류를 넣어 섞는다.

창업 advice

스프레드나 딥은 빵이나 비스킷에 곁들여 아침메뉴로 가능하지만 브런치의 사이드메뉴로도 가능하다. 특히 콩스프레드는 천연의 맛으로 건강과 고소함이 돋보이며 샐러드의 가니쉬로도 응용할 수 있다.

감자스콘

재료

삶은감자 185g

박력분 185g, 베이킹파우더 9g, 냉장버터 46g, 파마산치즈 가루 55g

생크림 9g, 우유 69g, 설탕 9g, 소금, 후추, 타임

만들기

1. 감자는 삶아 뜨거울 때 으깨서 준비해 둔다.

2. 박력분과 베이킹파우더는 섞어 체에 내리고 냉장버터와 파마산치즈가루
   를 넣어 가볍게 섞는다.

3. 2에 생크림, 우유, 설탕, 소금, 후추, 타임을 넣어 자르듯이 반죽한 후 으
   깬 감자를 넣어 반죽하여 180도 오븐에서 20분간 굽는다.

4. 3의 스콘은 버터와 잼을 곁들여 낸다.

창업 advice

일반적인 스콘은 퍽퍽한 맛이 강하지만 감자스콘은 감자의 고소함과 부드러운 풍미를
즐길 수 있는 동시에 건강한 맛과 천연의 맛을 함께 느낄 수 있다. 감자 뿐만 아니라 고
구마, 단호박, 당근 등도 다양하게 응용 가능하다.

성공적인 외식창업을 위한

그래놀라

재료

올리브오일 40g, 황설탕 20g, 메이플시럽 80g, 계피가루 $\frac{1}{2}$T, 소금 $\frac{1}{2}$t, 오트밀 240g, 넛츠류 200g, 건과일 150g

요거트, 베리류, 오렌지, 민트

만들기

1. 볼에 올리브오일, 황설탕, 메이플시럽, 계피가루, 소금, 귀리, 넛츠류 등을 모두 섞어서 160도 예열된 오븐에서 20분 굽고 위아래로 잘 섞어 15분 굽는다.
2. 1에 건과일을 섞고 5분 동안 160도 오븐에서 굽고 식혀서 보관한다.
3. 오렌지 껍질은 채썰어 준다.
4. 그릇에 2를 담고 요거트, 베리류, 채썬 오렌지껍질, 민트잎을 얹어 낸다.

창업 advice

그래놀라는 볶은 곡물, 견과류 등이 들어간 시리얼의 한 종류이다. 일반적으로 요거트와 과일 등을 함께 곁들여 먹기도 하고 샐러드의 가니쉬와 쿠키의 재료로 활용 가능하다.

성공적인 외식창업을 위한

레어치즈케이크

재료

오레오쿠키 60g, 실온 버터 20g

크림치즈 200g, 사워크림 120g, 레몬즙 2½T, 생크림 160g, 꿀 100g, 젤라틴 3장 베리, 딸기시럽, 민트

만들기

1. 오레오쿠키를 가루로 만들어 버터와 섞은 후에 틀에 꼭꼭 눌러 치즈케이크의 바닥을 만들어 냉동실에 잠시 넣어 고정시킨다.
2. 크림치즈, 샤워크림, 레몬즙, 생크림, 꿀, 젤라틴 불린 것을 넣어 섞는다.
3. 1의 위에 2를 얹어 냉장실에서 4시간 동안 둔다.
4. 3을 접시에 담고 베리와 딸기시럽, 민트로 장식한다.

창업 advice

치즈케이크의 느끼함 보다는 신선한 맛을 느낄 수 있는 크림치즈케이크이다. 다양한 모양도 가능하고 과일이나 과일시럽을 함께 얹어 스타일링 하면 장식적 효과도 매우 우수하다.

퍼넬케이크

재료

중력분 $\frac{8}{3}$C, 녹인버터 3T, 설탕 $\frac{8}{3}$T, 달걀 2개, 달걀흰자 1개, 소금
구운 복숭아 $\frac{1}{2}$개, 슈가파우더, 튀김기름

만들기

1. 볼에 달걀, 소금, 설탕을 넣어 섞은 후 중력분과 녹인버터를 넣어 부드럽게 반죽한다.
2. 1의 반죽을 짤주머니에 넣고 튀김기름에 반죽을 소용돌이 모양으로 만들면서 황금색이 나도록 튀겨준다.
3. 2의 퍼넬케이크에 구운 복숭아와 슈가파우더를 뿌려 낸다.

창업 advice

퍼넬케이크는 반죽재료를 짤주머니나 튜브 등을 이용해서 소용돌이 모양으로 만들어 굽거나 튀긴 케이크이다. 가볍게 먹을 수 있는 케이크 메뉴이고 계절과일을 얹어서 응용가능하다.

아이스크림와플

재료

중력분 240g, 베이킹파우더 2t, 소금 $\frac{1}{2}$t, 계피가루 1t, 설탕 2T

다진호두 50g, 달걀흰자 2개

달걀노른자 2개, 우유 180ml, 무염버터 60g

과일, 아이스크림, 슈가파우더, 애플민트

만들기

1. 중력분, 베이킹파우더, 소금, 계피가루, 설탕을 체에 내린다.

2. 1에 다진호두, 거품낸 달걀 흰자를 섞는다.

3. 다른 볼에 달걀노른자, 미지근한 우유, 무염버터를 중탕한다.

4. 2와 3을 섞어 예열한 와플기계에서 굽는다.

5. 4의 와플위에 과일류와 아이스크림, 슈가파우더를 뿌리고 애플민트를 얹어 낸다.

창업 advice

와플은 카페의 커피와도 잘 어울리고 브런치 메뉴로도 활용도가 높다. 와플에 아이스크림이나 생크림을 얹어서 낼 수도 있고 다양한 계절과일을 함께 연출해도 좋다.

바게트토스트

재료

바게트, 달걀 2개, 우유 250g, 설탕 1T

올리브오일 1T, 버터 1T

베리류, 메이플 시럽, 슈가파우더, 민트

만들기

1. 달걀, 우유, 설탕을 섞어서 두껍게 썬 바게트빵을 적셔둔다.

2. 팬에 올리브오일과 버터를 두르고 1의 바게트빵을 노릇하게 굽는다.

3. 2를 180도 오븐에서 15분 굽는다.

4. 접시에 3의 구운 바게트 빵과 베리류, 메이플시럽, 슈가파우더, 민트를 얹
   어 낸다.

창업 advice

대표적인 길거리음식인 토스트는 대부분 식빵을 이용하지만 카페에 응용할 경우 식빵
보다는 바게트빵을 이용하는 것도 좋다. 브런치 메뉴 등으로 응용할 경우 과일이나 베
리류 등을 장식하면 가격을 높일 수 있다.

델리 메뉴

파프리카스프

멜론스프

리코타치즈샐러드

시트러스샐러드

뿌리채소샐러드

연어샐러드

시금치피자

햄치즈샌드위치

수제햄버거

크로크마담

베이컨덮밥

가지덮밥

카레덮밥

아쿠아돈까스

해물짬뽕라면

크림떡볶이

파프리카스프

재료

파프리카 붉은색 1개

올리브오일 2T, 양파 100g

우유 2½C, 생크림 100ml, 올리브오일 약간, 다진파슬리

만들기

1. 파프리카는 구워서 껍질을 제거한다.
2. 식용유를 두른 팬에 채썬 양파를 노릇하게 볶고 1의 구운파프리카를 넣어 함께 볶은 후 블랜더에 갈아 체에 받쳐 둔다.
3. 2에 우유와 생크림을 넣고 다시 끓인 후 그릇에 담아 올리브오일과 다진 파슬리를 얹어 낸다.

창업 advice

파프리카 스프는 따뜻하게 먹는 스프이며 당근으로 활용가능하다. 따뜻한 스프는 바게 트빵이나 비스킷, 크루통과 함께 곁들이면 한끼 식사로도 가능하다

성공적인 외식창업을 위한

멜론스프

재료

멜론 1개

꿀 2T, 요거트 1C, 레몬즙 2t, 소금약간

애플민트

만들기

1. 멜론의 1/4은 스쿱을 이용하여 둥글게 만든다.

2. 멜론의 3/4은 요거트와 레몬즙, 소금을 넣고 블랜더로 갈아서 냉장고에
   보관한다.

3. 먹기 직전에 1의 멜론과 2의 재료를 그릇에 담고 애플민트로 장식한다.

창업 advice

멜론스프는 차갑게 먹는 냉스프로 백아몬드를 갈아서 넣어도 좋고 여름 계절 상품으로
매우 좋다.

리코타치즈샐러드

재료

리코타 치즈(우유 1L, 생크림 300ml, 레몬 $\frac{1}{2}$개, 식초 1T, 소금 1T)

드레싱(올리브유 6T, 발사믹 식초 3T, 꿀 1T, 다진마늘 1t, 소금 $\frac{1}{2}$t, 후추)

샐러드용 채소, 토마토, 파프리카, 구운가지, 슬라이스아몬드, 크랜베리

만들기

1. 리코타치즈는 냄비에 우유와 생크림을 섞어 중불에서 살짝 끓인다. 우유 막이 생기면 불을 끄고 레몬즙과 식초 넣은 후, 소금 넣어 면보에 거른 후 냉장고에서 6시간 둔다.
2. 드레싱은 모두 섞어서 준비한다.
3. 그릇에 샐러드용 채소, 토마토, 파프리카, 구운가지, 슬라이스아몬드, 크랜베리를 넣고 2의 드레싱을 뿌리고 마지막에 1의 리코타치즈를 얹어 낸다.

창업 advice

리코타치즈는 카나페 메뉴에도 활용 가능하고 요거트처럼 떠서 먹거나 베이글이나 토스트에 발라서 먹을수 있다. 수제 치즈로 많이 응용되고 있어 다양한 메뉴에 응용 가능한 아이템이다.

시트러스샐러드

재료
양상추, 루꼴라, 라디치오, 방울토마토, 적양파
귤통조림 60g, 석류 약간
드레싱(유차청 2T, 꿀 1T, 간장 ½T, 후추, 식초 2T, 레몬즙 1T, 포도씨오일 ¼C, 참기름 1t, 귤통조림 과즙 3T)

만들기
1. 양상추, 루꼴라, 라디치오는 먹기 좋은 크기로 준비하고 방울토마토는 반으로 자르고 적양파는 채썰어 준비 한다.
2. 귤통조림과 석류는 과육만 준비한다.
3. 드레싱은 모두 섞는다.
4. 그릇에 1을 담고 2의 과육과 3의 드레싱을 뿌려서 낸다.

창업 advice
귤이나 오렌지를 활용한 드레싱은 신선한 맛을 주는 드레싱으로 과일이나 채소를 응용한 샐러드에 좋다. 고기를 메인으로 하는 코스요리에 응용가능하고 남녀노소 모두 좋아하는 샐러드이다.

뿌리채소샐러드

재료

우엉 $\frac{1}{2}$개, 연근 $\frac{1}{2}$개, 마 $\frac{1}{2}$개

그린빈스 50g, 토마토, 청포도, 어린잎채소, 쑥갓

드레싱(멸치육수 1C, 간장 2T, 설탕 $3\frac{1}{2}$T, 식초 $\frac{1}{4}$C, 레몬즙 1T, 다진양파 3T, 다진마늘 1t, 다진홍고추 1개, 통깨 1T, 쪽파 3T, 참기름 1T)

만들기

1. 우엉, 연근, 마는 먹기 좋게 썰고 끓는 물에 데친 후 줄팬에 굽는다.
2. 그린빈스는 어슷썰고 토마토는 반자르고 청포도, 어린잎채소, 쑥갓은 먹기좋은 크기로 잘라준다.
3. 드레싱은 모두 섞는다.
4. 그릇에 1과 2의모든 재료를 담고 3의 드레싱을 뿌려 낸다.

창업 advice

뿌리채소는 가을, 겨울에 응용 가능한 샐러드로 매우 좋다. 최근 뿌리채소는 건강식재료로 많이 활용하고 있으며 고구마, 우엉, 토란 등도 함께 구워서 활용할 수 있다.

연어샐러드

재료

훈제연어 200g

아보카도, 방울토마토, 적양파, 석류, 블랙올리브, 케이퍼, 어린잎채소

드레싱(레몬쥬스 1T, 디종머스터드 1T, 고추냉이 1t, 꿀 1t, 다진양파 3T, 올리브오일 3T, 소금, 후추)

만들기

1. 훈제연어는 키친타올을 이용하여 기름을 닦아 준비한다.
2. 아보카도, 방울토마토, 적양파는 사방 1cm 정도로 썰어 두고, 석류는 과육만 준비하고, 블랙올리브는 슬라이스한다.
3. 어린잎채소는 깨끗이 씻어 물기를 제거한다.
4. 드레싱은 모두 섞어 둔다.
5. 그릇에 3의 어린잎채소를 깔고 1의 훈제연어를 담고 2의 재료를 올리고 4의 드레싱을 뿌려 낸다.

창업 advice

연어샐러드는 에피타이저 메뉴로 가능하며 연어는 카나페나 샌드위치에도 응용가능하다.

성공적인 외식창업을 위한

시금치피자

재료

피자도우(강력분 110g, 드라이 이스트 $\frac{1}{3}$t, 설탕 $\frac{1}{2}$t, 소금 $\frac{1}{2}$t, 올리브오일 $\frac{1}{2}$T, 온수 65ml)

소스(생크림 1C, 우유 1C, 물 $\frac{1}{3}$C, 파마산치즈가루 3T, 소금 $\frac{1}{2}$T, 후추), 시금치

호두, 무화과, 파마산치즈,

만들기

1. 피자도우 재료를 모두 섞어 반죽한 후 40~50분 동안 상온에서 발효시킨다.
2. 1을 밀대로 밀고 포크로 찍어서 230도 오븐에서 앞뒤로 각 4분씩 굽는다.
3. 소스는 모두 섞어 준다.
4. 2의 구운 도우 위에 3의 소스를 바르고 시금치, 호두, 무화과, 파마산치즈를 뿌려 낸다.

창업 advice

파자도우는 직접 반죽하지 않아도 또띠아를 이용하여 간단한 카페메뉴로 가능하다. 요즘은 치즈를 듬뿍 얹은 무거운 피자보다는 시금치나 채소를 이용한 가벼운 피자도 선호한다. 시금치 뿐만아니라 루꼴라나 다양한 샐러드 채소가 응용가능하다.

햄치즈샌드위치

재료

치아바타빵

소스(머스터드 2T, 마요네즈 1T, 꿀 1T, 후추)

루꼴라, 슬라이스토마토, 후레쉬모짜렐라치즈, 베이컨

발사믹소스(발사믹 1T, 올리브오일 1T, 다진양파1T, 후추)

만들기

1. 치아바타빵은 오븐에 살짝 굽고 소스는 모두 섞어 빵안쪽에 발라준다.
2. 베이컨은 구워주고 후레쉬모짜렐라치즈와 토마토는 슬라이스, 루꼴라는 먹기좋은 크기로 손질해서 준비한다.
3. 발사믹소스를 모두 섞어서 만든다.
4. 1의 치아바타빵에 2의 재료를 순서대로 얹고 3의 발사믹 소스를 루꼴라위에 뿌리고 빵을 얹어 낸다.

창업 advice

샌드위치는 다양한 빵으로 응용할 수 있다. 치아바타빵, 곡물식빵, 바게트빵 등으로 활용가능하며 빵의 속재료도 다양한 채소나, 치즈, 고기류 등을 이용할 수 있다. 한끼 메뉴로 가능하고 카페 메뉴로도 매우 좋다.

성공적인 외식창업을 위한

수제햄버거

재료

햄버거빵

햄버거패티(쇠고기다짐육 200g, 돼지고기다짐육 100g, 다진양파 50g, 다진마늘 ½T, 다진파 2T, 빵가루 30g, 우유 2T, 달걀 1개, 오레가노, 소금, 후추)

토마토, 적양파, 베이컨, 치즈, 상추, 피클

소스(마요네즈3T, 양파즙 1t, 피클쥬스 1t, 디종머스터드 1t)

만들기

1. 햄버거빵은 반을 잘라서 팬에 구워준다.
2. 다진양파와 다진 마늘은 볶아서 식혀 준비하고 나머지 햄버거패티의 재료를 모두 섞어서 한덩어리가 되도록 치대어 식용유를 두른 팬에 앞뒤로 구워서 준비한다.
3. 토마토는 슬라이스, 적양파는 채썰고, 베이컨은 굽고 소스는 모두 섞어 준다.
4. 햄버거빵 위에 상추, 토마토, 햄버거패티, 적양파, 피클, 치즈, 구운베이컨 순서로 얹고 소스를 뿌려서 낸다.

창업 advice

햄버거는 패스푸드의 대표적인 메뉴이지만 패티와 소스를 직접 만들어 풍미를 높여준다면 한끼 식사로 충분하다. 이태원 등을 중심으로 젊은이들에게 유명한 수제햄버거 가게들이 늘어나고 있으며 프랜차이즈가맹점도 늘고 있다.

성공적인 외식창업을 위한

크로크마담

재료

브리오슈빵

소스(우유1C, 버터 1T, 중력분 1T)

구운베이컨, 달걀프라이, 치즈, 햄, 파슬리가루

만들기

1. 브리오슈빵은 가로로 반을 자른다.

2. 팬에 버터를 녹이고 중력분을 볶고 우유를 부어 걸쭉한 소스를 만든다.

3. 브리오슈빵 사이에 햄, 치즈를 넣고 2의 소스를 바르고 오븐에 넣어 살짝 굽는다.

4. 3의 빵 위에 달걀프라이, 구운베이컨, 파슬리가루를 뿌려 낸다.

창업 advice

따뜻한 샌드위치의 대명사인 크로크무슈에 계란후라이를 더하면 크로크마담이라고 불리운다. 보통은 식빵으로 하지만 브리오슈 등 프리미엄빵을 이용하거나 에멘탈, 애덤치즈등 다양한 치즈를 이용하면 부가가치를 높일 수 있다.

베이컨덮밥

재료
덮밥소스(물 3C, 다시마 20g, 가스오부시 30g, 간장 $\frac{1}{2}$C, 미림 $\frac{1}{2}$C, 설탕 $\frac{1}{2}$T)
버터 1T, 베이컨 50g, 덮밥소스 3T
밥 200g, 깻잎채, 김, 통깨

만들기
1. 덮밥소스는 물에 다시마와 가스오부시를 우려내고 간장, 미림, 설탕을 넣어 끓여서 식혀 둔다.
2. 팬에 버터 두르고 베이컨을 볶은 후 1의 덮밥소스를 넣어 볶는다.
3. 그릇에 밥을 담고 깻잎채, 2의 베이컨, 김, 통깨를 뿌려 낸다.

창업 advice
덮밥메뉴는 대량조리가 가능하고 바쁜 점심시간을 활용하는 오피스가의 좋은 아이템이다. 여러 가지 덮밥으로 구성하는 덮밥전문점은 소수의 인원으로 효율적 운영이 가능한 메뉴이다.

가지덮밥

재료

가지 3개, 다진 돼지고기 150g, 식용류 2T, 두반장 1T, 마늘 1T, 건고추, 청주 2T, 미소 2T, 고춧가루 1T, 설탕 1T, 다시육수 $1\frac{1}{2}$C, 다진파 $\frac{1}{2}$C, 물녹말 3T, 소금, 후추, 참기름

만들기

1. 가지는 길게 잘라서 구워서 준비한다.
2. 다진 돼지고기는 소금, 후추를 미리 뿌려둔다.
3. 팬에 식용유를 두르고 두반장, 마늘, 건고추 볶다가 2의 다진 돼지고기에 청주와 후추를 넣고 볶는다.
4. 3의 재료에 미소, 고춧가루, 설탕, 다시육수, 구운가지, 다진파, 물녹말을 넣어 끓이고 마지막에 후추, 참기름으로 마무리 한다.

창업 advice

가지덮밥은 가지 대신 다른 채소를 응용해도 매우 좋으며 돼지고기가 아닌 닭고기를 이용해도 좋다.

카레덮밥

재료
닭다리 1개, 소금, 후추
양파 2개, 당근 1개, 감자 2개
돼지고기 300g, 칠리파우더 1T, 매운맛카레

만들기
1. 닭다리는 소금, 후추를 뿌려 팬에 굽는다.
2. 양파, 당근, 감자는 굵게 썬다.
3. 팬에 식용유를 두르고 돼지고기, 감자, 당근, 소금, 후추를 넣고 볶다가 칠
   리파우더, 양파를 넣고 어느정도 익었으면 물과 카레를 넣어 끓인다.
4. 밥 위에 3의 카레를 얹고 1의 닭다리 얹어 낸다.

창업 advice
카레덮밥은 다양한 매운맛으로 응용가능하고 가니쉬도 육류, 해산물, 채소등으로 다양
한 카레 메뉴가 가능하다. 카레는 단일메뉴 전문점을 할 수 있는 장점이 있다.

아쿠아돈까스

재료
돈까스 2~3쪽(등심, 안심), 밀가루, 달걀 1개, 빵가루
양상추, 오이, 양파, 비트, 쪽파
소스(포도씨오일 2T, 다진마늘 1t, 데리야끼소스 2T, 식초 3T, 가츠오국물
6T, 유자청 2T)

만들기
1. 돼지고기 등심은 소금, 후추를 뿌리고 밀가루, 달걀, 빵가루 순서로 묻혀
   서 튀긴다.
2. 양상추는 채썰고 오이와 양파, 비트는 돌려 깍기로 준비한다.
3. 소스는 모두 섞어서 준비한다.
4. 그릇에 양상추, 돈까스, 오이, 양파, 비트 순서로 담고 소스를 뿌리고 송송
   썬 쪽파를 올려서 낸다.

창업 advice
보통 따뜻하게 먹는 돈가스 메뉴를 샐러드용 채소와 곁들여 먹는 메뉴로 느끼하지 않고,
건강을 생각하는 여성들에게 좋은 메뉴이다.

성공적인 외식창업을 위한

해물짬뽕라면

재료

라면, 새우, 모시조개, 꽃게, 주꾸미

대파 1대, 양파 1개, 다진마늘 1t, 다진생강 $\frac{1}{2}$t

육수(생수 10C, 치킨스톡 2조각, 두반장소스 2T, 굴소스 1T, 소금 1t, 고춧가루 1T, 고추기름 1~2T)

숙주

만들기

1. 팬에 식용유를 두르고 마늘, 생강, 양파, 대파를 넣어 볶다가 모시조개, 새우를 넣어 볶는다.
2. 육수는 모두 섞어 둔다.
3. 1에 2의 육수, 꽃게를 넣어 10분간 끓이다가 주꾸미, 라면 넣고 끓인다.
4. 3에 숙주를 넣어 살짝 끓여 낸다.

`창업 advice`

저가 메뉴인 라면을 재료선택에 따라 프리미엄 라면 메뉴로 거듭 날 수 있다. 구운채소나, 해물류, 육류 등을 활용하면 가격을 높일 수 있는 라면으로 개발할 수 있다.

크림떡볶이

재료

베이컨 2줄, 다진마늘 1T, 슬라이스 양파 $\frac{1}{2}$개

간장 1T, 닭육수 $\frac{1}{2}$C, 양송이 5개, 떡볶이떡 400g

생크림 1C, 파마산치즈 2T, 데친브로콜리 100g

만들기

1. 냄비에 오일 두르고 다진 마늘, 슬라이스 양파를 넣고 볶다가 베이컨을 넣어 다시 볶는다.

2. 1에 간장, 닭육수를 넣어 끓인 후 양송이, 떡볶이떡을 넣고 끓인다.

3. 2에 생크림, 파마산치즈, 데친브로콜리를 넣고 소금, 후추를 뿌려 낸다.

창업 advice

여성들을 대상으로 한 메뉴로 크림스파게티를 응용하여 한국식으로 변형시킨 메뉴이다.

술집 메뉴

구운치즈

나쵸샐러드

광어회샐러드

열빙어튀김샐러드

해물냉채

사태편육냉채

골뱅이무침

깨소스과일삼합

바지락 볶음

상추튀김

닭꼬치

오꼬노미야끼

어묵탕

키조개그라탕

장어강정

등갈비강정

족발플레이트

구운치즈

재료
까망베르 치즈 1통, 견과류, 청포도, 사과, 무화과

만들기
1. 까망베르 치즈를 나무 틀에 넣어 실로 묶어 250도 오븐에 7분 구워준다.
2. 구운 치즈를 올려주고 청포도, 무화과, 사과, 견과류를 함께 낸다.

Tip 곁들이는 양파조림 만들기

양파 5개, 다진마늘 2T, 소금, 후추, 타임 1t, 로즈마리, 브랜디 2T
1. 양파 5개는 굵게 채썬다.
2. 팬에 오일을 두르고 양파를 30분 정도 볶다가 다진마늘 넣고 소금, 후추, 타임, 로즈
   마리 넣고 볶고 브랜디 넣어 마무리 한다.
3. 구운치즈와 곁들여 낸다.

창업 advice
일반적인 와인안주의 치즈는 치즈플레이트의 형태로 다양한 치즈와 과일을 나열하는데
치즈를 구워서 부드러운 식감을 주고 과일등과 함께 곁들여 고급스러운 메뉴로 구성 할
수 있다. Tip에 나오는 소스를 접시에 얹어 치즈와 과일을 플레이팅하면 더욱 품격있는
와인안주로 거듭날 수 있다.

성공적인 외식창업을 위한

나쵸샐러드

재료

다진소고기 100g, 양상추 $\frac{1}{4}$개, 방울토마토 50g, 올리브 30g, 할라피뇨 30g, 당근 50g, 아보카도 $\frac{1}{3}$개, 체다치즈 50g, 사워크림 50g, 나쵸소스(살사소스 220g, 토마토소스 50g, 물 30ml, 타코믹스 1T)

만들기

1. 다진소고기는 소금, 후추를 넣어 볶는다.
2. 양상추는 곱게 채썰고, 방울토마토은 1/4등분하고, 올리브는 링 모양으로 슬라이스한다. 할라피뇨는 다지고, 당근은 채썰고, 아보카도 얄팍하게 썰어둔다.
3. 소스는 모두 넣어 끓여 준다.
4. 유리그릇에 2의 양상추, 방울토마토, 올리브, 할리피뇨, 당근, 아보카도, 3의 소스, 소고기, 체다치즈, 사워크림 순으로 담아 나쵸와 낸다.

창업 advice

멕시칸음식의 대표메뉴인 나쵸샐러드는 한 접시에 담아내는 것이 일반적이다. 유리볼이나 유리그릇에 색상별로 재료별로 보기좋게 담아내면 식감을 자극시킬 수 있고 먹는 재미도 높일 수 있다.

성공적인 외식창업을 위한

광어회샐러드

재료
광어회, 루꼴라, 발사믹 드레싱
드레싱(갈아놓은 무 150g, 간장 2T, 설탕 1T, 마요네즈 100g, 와사비 4T, 참기름약간)
파마산치즈, 핑크페퍼, 비트채

만들기
1. 광어회는 큰 접시에 돌려서 담는다.
2. 루꼴라는 발사믹 드레싱과 섞어서 가운데 담는다.
3. 드레싱을 모두 섞고 회 위에 뿌린 후 파마산 치즈와 핑크페퍼를 얹고 비트
   채를 올려 낸다.

창업 advice
회는 초고추장이나 간장소스에 찍어 먹는 것이 일반적이다. 회에 드레싱과 채소를 곁들여 내면 이자까야 메뉴로 매우 훌륭하다.

열빙어튀김샐러드

재료

소스 (가츠오다시 $\frac{1}{2}$C, 미림 2T, 설탕 2T, 간장 2T, 식초 4T, 소금 $\frac{1}{2}$t, 양파 채 $\frac{1}{2}$개, 구운대파 1대, 홍고추 1개)

열빙어 400g, 녹말약간

무순, 당근 100g, 적양파 $\frac{1}{2}$개, 대파 2대, 쪽파 약간

※ 가츠오다시(물 1L, 다시마 한쪽, 가츠오부시 30g)

만들기

1. 소스는 모두 냄비에 넣고 끓여서 식혀 준비 한다.

2. 열빙어는 녹말 묻혀 2번 튀긴다.

3. 양파, 대파, 당근은 곱게 채썬다.

4. 그릇에 2의 튀긴 열빙어, 무순, 채썬당근, 채썬적양파, 채썬대파를 담고 소스를 뿌리고 송송썬 쪽파를 마지막에 얹어 낸다.

창업 advice

시사모라고 불리는 열빙어는 일식집에서 구이메뉴로 구성하고 있으나, 열빙어를 튀겨서 볼륨감있게 채소와 먹을 수 있도록 샐러드메뉴로 응용하였다.

해물냉채

재료

생굴 400g

초새우 10마리, 초문어, 소라, 물미역 400g, 성게

오이 1개, 배 $\frac{1}{4}$개, 라디치오, 무순

소스(간장 1T, 식초 $1\frac{1}{2}$T, 설탕 $1\frac{1}{2}$T, 깨소금 1t, 참기름 1t, 다진파 1T, 다진 홍고추 $\frac{1}{2}$개, 소금)

만들기

1. 생굴은 소금물에 씻어 준비한다.
2. 물미역, 초새우, 초문어, 소라, 물미역은 살짝 데쳐 준비하고, 성게는 알 만 준비한다.
3. 배는 썰고 오이는 슬라이스 한다.
4. 소스는 모두 섞는다.
5. 그릇에 1,2,3 재료와 라디치오, 무순을 담아 소스와 곁들인다.

창업 advice

보통 해물냉채는 겨자소스를 넣은 해파리냉채를 흔히 생각한다. 생굴, 소라, 골뱅이 등 해물을 이용하여 플레이팅하면 고급스런 해물냉채로 거듭날 수 있다.

성공적인 외식창업을 위한

사태편육냉채

재료

아롱사태 800g, 대파잎, 통후추, 청주, 소금

오이, 고추기름 2T, 간장 2T, 설탕 2T, 식초 2T

다진마늘 2t, 소스(고추기름 4T, 간장 5T, 식초 4T, 설탕 4T, 다진마늘 1T, 소금)

대파 1대

만들기

1. 아롱사태는 잠길정도의 물에 대파잎, 통후추, 청주, 소금 넣어 1시간 정도 익혀 식힌 후 얇게 썬다.
2. 오이는 어슷썰어 소금에 절였다가 고추기름, 간장, 설탕, 식초 다진마늘 과 섞어 준다.
3. 소스는 모두 섞고 대파는 흰 부분만 곱게 채썰어 준다.
4. 접시에 1의 얇게 썬 아롱사태를 담고 2의 오이무침과 3의 소스를 뿌리고 채썬 대파를 얹어 낸다.

창업 advice

아롱사태편육냉채는 궁중음식 중 전채음식에 속하며, 보통 고급한정식에서 에피타이저 로 나오는 메뉴이다. 한정식코스 중에 하나인 메뉴로 술집의 단품메뉴로 훌륭하게 표현 할 수 있다.

골뱅이무침

재료

골뱅이 1캔

양파 1개, 오이 2개, 당근 $\frac{1}{2}$개, 깻잎 10장, 진미채 50g, 대파, 풋고추 2개, 홍고추 1개

국수 200g

오이, 검은깨 약간, 래디쉬

소스(고춧가루 4T, 매실청 2T, 식초 3T, 간장 3T, 레몬즙 1T, 설탕 2T, 다진마늘 1T, 참기름 1T, 통깨 1T)

만들기

1. 골뱅이는 먹기좋은 크기로 썰어 놓는다.
2. 양파, 오이, 당근, 깻잎은 채썰고, 진미채는 골뱅이육수에 담가 놓는다. 대파, 풋고추, 홍고추는 어슷썰어 놓는다.
3. 오이와 래디쉬는 채썰고 국수는 삶아서 준비한다.
4. 소스는 모두 섞어 냉장고에 하루정도 숙성시켜 준비한다.
5. 1,2의 골뱅이, 양파, 오이, 당근, 깻잎, 대파, 풋고추, 홍보추와 4의 소스를 모두 섞어서 접시 중앙에 담는다.
6. 3의 곱게 채썬 오이와 삶은 국수를 골뱅이 주위에 돌려 담고 래디쉬, 붉은 고추, 검은깨를 뿌려 낸다.

창업 advice

호프집에 대표메뉴인 골뱅이무침은 담음새를 변형시켜 우리가게스타메뉴를 만들어보자! 같은 메뉴도 플레이팅을 바꾸면 새로운 메뉴로 나올 수 있다.

깨소스과일삼합

재료

삼겹살 600g, 마늘, 생강, 대파잎

물 3C, 청하 1C, 간장 ½C, 설탕 40g, 대파 1대, 통후추 1T

배, 사과, 실파

소스 (통깨 ½C, 미림 4T, 간장 3T, 식초 2T, 레몬즙 2T, 다시물 70ml, 와사비 1T)

만들기

1. 팬에 기름 두르고 마늘, 생강, 대파잎을 충분히 볶다가 소금, 후추를 뿌려 둔 삼겹살의 모든 면을 골고루 굽는다.

2. 냄비에 물, 청하, 간장, 설탕, 대파, 통후추, 1을 함께 넣어 1시간 정도 끓여 식힌 후 썰어둔다.

3. 소스는 모두 블랜더에 갈고 사과와 배는 삼겹살 사이즈로 슬라이스해서 준비한다.

4. 그릇에 삼겹살, 배, 사과 순서로 켜켜이 담고 소스를 넉넉히 뿌리고 송송 썬 실파를 뿌려 낸다.

창업 advice

동파육과 편육의 중간 정도의 메뉴로 고기의 식감이 매우 좋고 깨소스와 함께 과일을 곁들여서 먹는 메뉴이다.

바지락볶음

재료

바지락 1kg, 마늘 1T, 레드페퍼 1t, 홍고추 1개, 화이트와인 $\frac{1}{2}$C

두반장 $1\frac{1}{2}$T, 굴소스 1T, 중국간장 1t, 설탕 $\frac{1}{2}$T

양파 $\frac{1}{2}$개, 쪽파 50g

푸실리 50g, 녹말물, 참기름

만들기

1. 식용유를 두른 팬에 마늘, 레드페퍼, 홍고추를 볶고 바지락 넣어 살짝 볶
   다가 화이트와인을 넣어 뚜껑을 덮어 둔다.

2. 1에 두반장, 굴소스, 중국간장, 설탕을 넣어 볶아준 후 쪽파, 채썬 양파를
   넣어 준다.

3. 푸실리를 삶아서 준비하고 2의 재료에 푸실리를 넣고 녹말물로 농도 조절
   한 후 참기름을 넣는다.

창업 advice

해물파스타 조리법에 중식소스를 넣어 만든 퓨전식 메뉴이다. 모든 주류와 어울리는 메
뉴이다.

상추튀김

재료

튀김가루 1C, 얼음물 $\frac{3}{4}$C, 오징어, 김말이, 새우

소스(간장, 설탕, 식초, 청.홍고추, 양파), 상추, 깻잎

만들기

1. 튀김가루와 얼음물을 섞은 후 오징어, 김말이, 새우 등을 튀겨낸다.

2. 청 · 홍고추는 어슷썰고 양파는 굵게 썰어 소스를 모두 섞어서 준비한다.

3. 1의 튀김과 2의 소스, 상추, 깻잎과 함께 곁들여 낸다.

창업 advice

전라도에서 많이 판매되고 있는 지역 스타메뉴이다. 튀김에 상추를 함께 먹으면 느끼함
도 없어지고 싸먹는 재미를 함께 즐기면서 먹는 메뉴이다.

성공적인 외식창업을 위한

닭꼬치

재료

닭다리살 600g, 생강술 1T, 소금 $\frac{3}{8}$t, 후추, 녹말가루, 대파

고추장소스(고추기름 1T, 오일 1T, 간장 1T, 케챂 2T, 생강술 2T, 설탕 1T, 물엿 4T, 고추장 1T, 마늘 1T, 마른고추 1개)

간장소스(간장 $\frac{1}{2}$C, 맛술 $\frac{1}{4}$C, 다시물 $\frac{1}{4}$C, 설탕 $\frac{1}{3}$C, 물엿 1T, 마늘, 생강)

만들기

1. 닭다리살은 한입 크기로 썰고 생강술, 소금, 후추에 재웠다가 녹말을 묻혀 기름에 튀긴 후 대파와 함께 꼬지에 꽂는다.

2. 고추장소스와 간장소스는 각각 섞어 졸여서 준비한다.

3. 1에 2의 소스를 따로 발라 불에서 다시 구워서 낸다.

창업 advice

닭다리살을 한번 튀겨내어 더욱 고소한 맛이 난다. 1인가족이 늘어나는 추세로 간단한 메뉴로 한잔할 수 있는 스몰비어시장이 커지고 있다. 꼬치전문점도 스몰비어 시장에 적합메뉴이다.

오꼬노미야끼

재료
양배추 400g, 양파 100g, 대파 2대, 오징어 1마리, 베이컨 150g
통깨 3T, 빵가루 $\frac{1}{2}$C, 달걀 2개, 가츠오육수 200ml, 박력분 200g, 마 100g,
소금 1t
소스(돈가스소스 1C, 물 $\frac{1}{2}$C, 우스터소스 2T, 토마토케찹 1T, 녹말 $\frac{1}{2}$t)
마요네즈, 파래가루, 가츠오부시

만들기
1. 양배추, 양파는 곱게 채썰고, 오징어는 가늘게 썰고 베이컨을 잘게 썰고,
   대파는 송송 썬다.
2. 1에 통깨, 빵가루, 달걀, 가츠오육수, 박력분, 갈은 마, 소금을 모두 섞어
   팬에 도톰하게 익힌다.
3. 소스는 모두 섞어 한번 끓여서 준비한다.
4. 2에 소스, 마요네즈, 파래가루, 가츠오부시 순서로 뿌려 낸다.

창업 advice
우리나라 빈대떡과 비슷한 메뉴인 오꼬노미야끼는 이자까야메뉴로도 적합하지만 테이
블마다 철판을 놓고 반죽을 준비하여 직접 구워먹는 전문점도 추천할 만 하다. 다양한
속재료와 가니쉬를 준비하여 다양한 맛으로 즐길 수 있다.

성공적인 외식창업을 위한

어묵탕

재료

어묵, 곤약

육수(물 3L, 다시마 30g, 양파 1개, 대파 2대, 통후추, 멸치 40g, 무 300g, 건표고 10g, 청주 50ml, 미림 50ml, 소금 1T, 간장 2T, 건고추 2개, 가츠오 부시 50g)

만들기

1. 어묵와 곤약은 꼬지에 꽂아서 준비한다.
2. 육수는 모두 넣고 30분정도 끓여서 준비 한다.
3. 냄비에 1과 2를 함께 넣고 끓여서 낸다.

창업 advice

어묵탕은 매우 간단한 메뉴여서 준비하기도 편하고 회전율도 높아 운영하기에 용이하다. 고객의 입장에서도 간단하게 한잔하기에 좋은 메뉴이다.

키조개그라탕

재료
키조개 1개, 새우 30g
새송이 30g, 양파 20g, 피망 $\frac{1}{4}$개, 날치알 30g, 청·홍고추 1개씩
버터 2T, 밀가루 4T, 우유 150ml
모짜렐라치즈, 파슬리가루

만들기
1. 키조개, 새우는 굵게 다져 팬에서 후추 넣어 볶아 낸다.
2. 새송이, 양파, 피망, 청.홍고추는 굵게 다진 후 팬에서 볶아 낸다.
3. 팬에 버터, 밀가루 볶다가 우유를 넣어 볶은 후 1과 2를 모두 넣어 볶아 키 조개 껍질 안에 담는다.
4. 3위에 모짜렐라 치즈 얹어 200도 오븐에서 15분 정도 익히고 파슬리가루 를 뿌려 낸다.

창업 advice
키조개의 푸짐함을 보여 주면서 그라탕 메뉴를 응용한 퓨전 메뉴이다.

장어강정

재료

장어 4마리, 녹말가루

장어양념소스(진간장 4T, 정종 2T, 미림 $\frac{1}{2}$C, 사과 $\frac{1}{4}$쪽, 건청양고추 3개,
물 1C, 통마늘 10개, 물엿 5T, 대파 1대, 통후추 1T, 슬라이스생강 2쪽, 채썬
양파 $\frac{1}{3}$쪽)

깻잎채, 파채, 생강채, 은행, 석류, 발사믹소스

만들기

1. 장어는 한입 크기로 썰고 녹말가루를 묻혀 2번 튀긴다.

2. 팬에 장어양념소스를 모두 섞어서 졸여준 후 1의 장어튀김을 섞어 준다.

3. 그릇에 2를 놓고 깻잎채, 파채, 생강채를 곁들이고 은행, 석류를 얹어 발
   사믹소스를 뿌려낸다.

창업 advice

장어는 대부분 구이의 형태로 판매하지만 간식이나 술안주로 인기가 높은 닭강정을 응
용하여 만든 메뉴이다. 술안주로 단가 높은 고급스러운 메뉴로 판매 가능하다.

등갈비강정

재료

등갈비 1kg, 대파, 청하, 통후추, 소금, 녹말가루

소스(간장 4T, 레드와인비네거 8T, 설탕 8T)

오렌지, 석류, 파슬리

만들기

1. 등갈비를 물, 대파, 청하, 통후추, 소금을 넣고 삶은 후 녹말을 묻혀 튀긴다.

2. 팬에 소스재료를 모두 섞고 끓인 후 1의 튀긴 등갈비를 섞는다.

3. 접시에 등갈비를 담고 오렌지, 석류, 파슬리를 뿌려 낸다.

창업 advice

폭립스타일의 구이가 보편적이라면 등갈비강정은 강정으로 응용한 메뉴로 치킨메뉴 대용으로도 매우 좋다.

족발플레이트

재료

족발(돼지족 1kg, 간장3C, 통마늘⅓C, 생강 2쪽, 황설탕 ⅓C, 인스턴트커피 1T, 통후추 1T, 월계수잎 2~3장, 대파 1대, 한약재)
아스파라거스, 베이컨, 무화과, 오렌지, 양파, 가지, 쥬키니호박, 소세지, 통감자, 사워크림, 으깬고구마, 단호박,통마늘, 방울토마토, 새송이버섯, 파인애플, 옥수수

만들기

1. 족발은 분량의 재료를 모두 넣어 오랫동안 삶아서 식힌 후 썰어서 준비한다.
2. 아스파라거스는 베이컨으로 감아 팬에 익힌다.
3. 무화과, 오렌지, 양파, 가지, 쥬키니호박, 소세지, 통마늘, 새송이버섯, 방울토마토, 파인애플, 옥수수, 단호박은 구워서 준비한다.
4. 찐고구마는 으깨서 준비하고 통감자는 오븐에서 구워 사워크림을 뿌린다.
5. 그릇에 위의 재료를 먹기 좋게 담아 낸다.

창업 advice

족발은 김치와 쌈으로만 구성을 했지만 건강지향과 다양성의 필요성에 의해 족발메뉴에 구운 채소등을 곁들여서 먹으면 푸짐함과 먹는 즐거움을 줄 수 있다.

밥상 메뉴

낙지죽

파육개장

간장게장

영양떡갈비

닭갈비

우거지갈비찜

소고기버섯전골

쭈꾸미볶음

아귀찜

장아찌누룽지밥상

봄 밥상

여름 밥상

가을 밥상

겨울 밥상

성공적인 외식창업을 위한

낙지죽

재료
낙지 200g
찹쌀 1C, 참기름 1T, 청장1T, 육수 6C
영양부추

만들기
1. 낙지는 밀가루에 바락바락 씻어서 육수에 삶아 1cm정도로 잘라서 준비한다.
2. 반나절 불린 찹쌀을 참기름 두른 냄비에 투명해질 때까지 볶다가 청장을 넣고 육수를 조금씩 넣어가며 20분 정도 끓이고 데친 낙지를 넣어 5분간 끓인다.
3. 마지막에 불을 끄고 영양부추를 넣고 저어서 낸다.

창업 advice

우리나라는 고령화시대로 접어든다. 나이가 들면서 또한 스트레스가 쌓이면서 소화가 어렵고 위장장애가 많은 시대에 살고 있다. 오피스가와 주택가에 죽집이 점점 늘어나고 있는 점도 우리가 주목해야 할 점이다.

성공적인 외식창업을 위한

파육개장

재료

쇠고기양지 100g, 양파, 마늘, 통후추

삶은고사리 50g, 버섯 50g, 숙주 100g, 대파 3대, 무 50g

양념(고추기름 5T, 고춧가루 4T, 국간장 3T, 다진마늘 3T)

만들기

1. 핏물 제거한 쇠고기에 물, 양파, 대파, 마늘, 통후추를 넣고 40분 정도 삶아 결대로 찢고 육수는 따로 준비 한다.
2. 1의 쇠고기와 삶은고사리, 버섯, 숙주, 대파, 무를 양념하여 섞는다.
3. 2의 재료와 육수를 함께 끓여서 낸다.

창업 advice

육개장은 고기베이스를 하여 부재료인 파, 버섯 등 특별한 재료를 부각시킴으로써 메뉴의 변화를 줄 수 있고, 지역색을 강하게 부각시킨 부재료(대구–파육개장)를 부각시킴으로써 파생상품을 만들 수 있다. 요즘은 푸드마일리지를 줄이는 로컬푸드의 수요가 늘어나고 있다.

간장게장

재료

다시물(생수 6C, 다시마 1장, 마른고추 3개, 양파 ½개, 통후추 1t)

다시물 4C, 간장 2C, 집간장 50ml, 참치액젓 2T, 매실액기스 50ml, 마늘 50g, 생강 60g, 청양고추 5개

꽃게 1kg

만들기

1. 다시물은 모두 끓여서 준비 한다.
2. 다시물과 간장, 집간장, 참치액젓, 매실액기스, 마늘, 생강, 청양고추를 끓여서 식힌다.
3. 깨끗이 손질한 꽃게에 2의 소스를 부어서 냉장고에 넣어 숙성시켜 낸다.

창업 advice

요즈음은 저염, 저나트륨 음식시장에 대세이다. 짜지 않은 프리미엄 간장게장으로 부드러우면서 맛깔스런 밥도둑으로 탄생할 수 있다. 시장은 프리미엄 시장과 저가시장으로 나뉜다. 무한리필 간장게장 외식시장 또한 적당한 마진으로 승부를 볼 수 있다.

성공적인 외식창업을 위한

영양떡갈비

재료

갈비살 400g, 양파즙 2T, 배즙 2T, 설탕 2T, 진간장 2T, 다진마늘 1T, 다진파 2T, 다진밤 3T, 다진대추 2T, 다진잣 1T, 찹쌀가루 1½T, 꿀약간

영양부추 100g, 찢은더덕 100g, 마늘 1t, 파 ½T, 고춧가루 2t, 설탕 2t, 식초 1T, 소금 ½t, 참기름 ½T, 통깨

잣, 은행

만들기

1. 곱게 다진 갈비살에 양파즙, 배즙, 설탕, 진간장, 다진파,마늘, 다진밤, 다진대추, 다진잣, 찹쌀가루를 모두 섞어 오랫동안 반죽하고 둥글게 만들어 팬에 앞뒤로 굽고 마지막에 꿀을 바른다.
2. 영양부추와 찢은 더덕, 마늘, 파, 고춧가루, 설탕, 식초, 소금, 참기름 통깨를 섞어서 양념을 만든다.
3. 떡갈비 위에 다진 잣과 은행과 함께 낸다.

창업 advice

떡갈비 재료에 다양한 견과를 넣어 영양과 건강을 생각하는 떡갈비로 응용하였다. 불포화지방산이 많은 잣은 피부와 노화방지에 좋고 밤은 몸의 기력을 채워준다. 그밖에 아몬드, 해바라기씨, 호두 등을 이용하면 프리미엄떡갈비로 우리가게스타메뉴가 될 수 있다.

닭갈비

재료

조림장(물 $\frac{1}{2}$C, 간장 $3\frac{1}{2}$C, 설탕 160g, 물엿 200g, 마늘 60g, 생강 20g, 고춧가루 200g, 후추, 참기름)

닭고기 800g

양배추 500g, 양파 200g, 고구마 200g, 당근 100g, 대파 1대, 청양고추 2개, 깻잎 1묶음, 떡볶이떡

만들기

1. 조림장을 모두 섞어서 준비한다.
2. 양배추, 양파, 고구마, 당근, 대파, 깻잎은 굵게 썰어 준다.
3. 닭고기에 1의 양념장과 대파, 청양고추를 섞어 준 후 냄비에 담고 양배추, 양파, 고구마, 당근, 깻잎, 떡볶이떡을 함께 담아 낸다.

창업 advice

닭고기는 닭다리살을 이용하는 것이 가장 좋으며, 뼈는 바르되, 한 장뜨기를 하여 재료의 신선함과 먹기좋음을 동시에 보여줌이 좋다. 닭갈비 등의 음식을 먹은 후 볶음밥이 중요한데, 볶음밥에서 업장마다의 특색을 두는 것이 좋다. 예를 들어 날치알이나 치즈 등을 풍부하게 주는 방법 등이 있다.

우거지갈비찜

재료

갈비 1.2kg, 파, 통후추, 마늘, 양파

무청우거지 800g, 마른고추 2개, 대파 2대, 물 6C

양념장(된장 6T, 간장 5T, 국간장 1T, 마늘 2T, 후추)

만들기

1. 갈비는 찬물에 담궈 핏물을 제거 하고 냄비에 갈비가 잠길 정도로 물을 넣고 파, 통후추, 마늘, 양파 등을 넣고 20분 정도 끓인 후 육수는 따로 준비한다.

2. 냄비에 삶은 1의 갈비, 무청우거지, 양념장, 1의 육수를 부어 1시간 정도 끓인 후 마른고추, 대파, 물을 넣고 다시 20분간 끓여서 낸다.

창업 advice

일반적인 갈비찜은 간장양념으로 만들지만 우거지갈비찜은 된장과 우거지를 넣어 토속적인 느낌과 우거지의 건강이 느껴지는 메뉴이다.

소고기버섯전골

재료

육수(멸치 20g, 마른새우 10g, 다시마 20g, 생수 15C, 무 300g, 양파 1개, 대파 2대, 된장 1T, 집간징 1T)

소스(깨 3T, 된장 1T, 미소 1T, 고춧가루 $\frac{1}{2}$t, 매실액기스 1T, 미림 1T, 육수 3T, 참기름 1T)

소고기불고기감 300g, 표고버섯 50g, 느타리버섯 50g, 백만송이버섯 50g, 팽이버섯 50g, 만가닥버섯 50g

배추, 대파, 실파, 불린당면 100g, 쑥갓

만들기

1. 육수의 재료를 끓이고 전골냄비에 육수를 준비한다.

2. 소스는 모두 블랜더에 갈아서 준비한다.

3. 큰 그릇에 소고기, 종류별 버섯과 배추, 대파, 실파, 불린 당면, 쑥갓을 담아 낸다.

창업 advice

국물있는 서울식불고기와 샤브샤브를 혼합한 형태로 소고기버섯전골은 남녀노소 모두 좋아하는 메뉴이다. 식사와 더불어 먹을 수 있는 메뉴이면서 다양하게 응용도 가능한 메뉴이다.

쭈꾸미볶음

재료

쭈꾸미 600g

양파 100g, 당근 50g, 대파 30g

양념(고추장 2T, 고춧가루 1T, 간장1T, 설탕, 물엿, 다진파, 다진마늘, 생강, 후추, 참기름)

만들기

1. 쭈꾸미는 머리를 뒤집어 손질한다.

2. 양파, 당근, 대파는 굵게 채썬다.

3. 팬에 양념의 재료를 넣고 볶는다.

4. 3에 1,2의 재료를 넣고 센불로 볶아 참기름, 통깨를 뿌려 낸다.

창업 advice

우리나라 고객은 단품보다는 백반형의 한상차림에 익숙하고 단품메뉴로 먹기보다는 여러가지 맛의 변화를 추구한다. 그래서 단품메뉴를 맛의 궁합을 맞춘 세트메뉴는 가격대비 만족도를 높여준다.

성공적인 외식창업을 위한

아귀찜

재료

아귀 600g~1kg

멸치육수 1C

콩나물 800g, 미더덕 150g, 미나리 150g

대파 1대, 청·홍고추 1개

찹쌀가루 50g

양념(고춧가루 6T, 된장 1T, 간장 1T, 굴소스 1T, 생강즙 1T, 국간장 1T, 마늘 2T, 청하 1T, 설탕 $\frac{1}{2}$T, 후추 $\frac{1}{2}$T, 다진청양고추 30g, 참기름 1T, 통깨)

만들기

1. 팬에 식용유를 두르고 혼합한 양념을 살짝 볶은 후 아귀를 넣어 뒤적거리며 익힌다.
2. 1에 멸치육수 넣고 콩나물, 미더덕 넣고 끓인 후 미나리, 청·홍고추를 넣는다.
3. 찹쌀가루 넣어 농도조절하며 끓여 낸다.

창업 advice

아귀찜은 양념만 만들어 놓으면 각종 해물찜이나 탕에 다양하게 활용가능하다. 메뉴를 다양하게 운용도 가능하여 간단하게 업장을 운영할 수 있다. 보통의 아귀찜이나 해물찜 업장과 차별화하여 사이드메뉴를 고급스럽게 한다면 손님접대, 가족모임의 고객도 끌어당길 수 있다.

장아찌누룽지밥상

구성 : 누룽지밥, 참외장아찌, 산초장아찌, 명이나물장아찌, 오이장아찌

누룽지밥

재료   시판용 누룽지, 물

만들기   1. 누룽지에 물을 붓고 끓여 낸다.

참외장아찌

재료   참외 4개, 소금 $\frac{1}{2}$C, 절임장(간장 2C, 청주 $\frac{1}{4}$C, 물 2C, 설탕 6T, 올리고당 3T)

만들기   1. 참외는 4등분하여 숟가락으로 씨를 제거 하고 소금을 뿌려 3시간 정도 절인 후 건져서 채반에서 꾸덕꾸덕 말린다.

            2. 절임장은 모두 섞어 끓여서 식힌다.

            3. 1의 참외에 2의 절임장을 부어 냉장고에서 숙성 시켜 낸다.

산초장아찌

재료   산초 2C, 절임장(간장 1C, 물 $\frac{1}{2}$C, 다시물 1C, 설탕 6T)

만들기   1. 산초는 소금물에 담가두었다가 절임장을 끓여서 산초에 부어 숙성 시켜 낸다.

명이나물장아찌

재료   명이 400g, 절임장(간장 3C, 식초 $\frac{1}{2}$C, 물 2C, 올리고당 1C, 설탕 1C)

만들기   1. 절임장을 끓이고 식힌 후 명이에 붓고 숙성시켜 낸다.

오이장아찌

재료   청오이 5개, 설탕 $\frac{1}{2}$C, 소금 1T, 물 4C, 절임장(간장 1C, 매실청 $\frac{1}{2}$C, 식초 $\frac{1}{2}$C, 물 1C)

만들기   1. 청오이는 씨를 제거 하고 설탕과 소금을 물에 녹여 오이를 절여 준다.

            2. 절임장을 끓이고 1의 오이에 부어서 숙성시킨 후 낸다.

봄 밥상

구성 : 참나물호두밥, 된장찌개, 겉절이, 대추징조, 무쌈김치, 견과조림

참나물호두밥

재료   참나물 50g, 호두 30g, 쌀 1C, 물 1C,

만들기   1. 참나물은 먹기좋게 썰어 놓는다.

　　　　2. 냄비에 불린쌀, 호두, 물을 부어 밥을 짓는다.

된장찌개

재료   멸치육수 300ml, 된장 20g, 고춧가루 5g, 모시조개 100g, 표
　　　　고버섯 50g, 두부 $\frac{1}{3}$모, 호박 $\frac{1}{4}$개, 다진마늘 5g, 대파 10g, 풋
　　　　고추 1개

만들기   1. 냄비에 멸치육수를 넣고 된장, 고춧가루를 넣어 끓인다.

　　　　2. 1에 표고버섯, 두부, 호박, 모시조개를 넣고 끓이다가 다진
　　　　마늘, 대파, 풋고추를 마지막에 넣고 끓인다.

겉절이

재료   겉절이채소

양념장(간장 2T, 식초 1T, 설탕 1T, 고춧가루 $\frac{1}{2}$T, 다진파 1T,

다진마늘 $\frac{1}{2}$T, 참기름 1T, 통깨 $\frac{1}{2}$T

만들기   1. 양념장을 모두 혼합한 후 겉절이채소와 섞는다.

대추징조

재료   대추 2C, 청주 1T

설탕 $\frac{1}{4}$C, 꿀 1T, 물 $\frac{1}{4}$C, 통깨, 해바라기씨

만들기   1. 대추는 씨를 빼고 청주를 뿌려 찜통에서 쪄낸다.

2. 설탕, 물, 꿀은 시럽을 만들어 찐 대추, 통깨, 해바라기씨와 버무린다.

무쌈김치

재료　무 $\frac{1}{3}$개, 소금

직양파 $\frac{1}{3}$개, 고추 5개, 당근 $\frac{1}{3}$개, 미나리

김치국물(고운고춧가루 2T, 생수 1C, 마늘즙 2T, 배즙 1T, 생
강즙 2t, 소금 1t)

만들기　1. 무는 슬라이스로 잘라서 소금에 살짝 절인다.

2. 1의 무에 채썬적양파, 채썬고추, 채썬 당근을 넣어 말고 미
나리로 묶어준다.

3. 김치국물은 혼합한 후 용기에 2와 김치국물을 부어 준다.

견과조림

재료　견과류

조림장(물2C, 간장 6T, 설탕 2T, 맛술 1T, 물엿 2T)

만들기　1. 팬에 견과류는 살짝 볶아준다.

2. 물엿을 제외한 조림장을 끓이다가 1의 견과류를 넣고 졸인
후 마지막에 물엿을 넣는다.

성공적인 외식창업을 위한

여름 밥상

구성 : 보리밥, 미역오이냉국, 열무김치, 토마토장아찌, 보리새우볶음, 꽁치쌈장, 쌈채소

보리밥

재료   보리 ½C, 쌀 ½C, 물 300ml

만들기   1. 30분 정도 불린 보리와 쌀을 냄비에 넣고 물을 부어 밥을 짓는다.

미역오이냉국

재료   채썬오이1개, 불린미역 50g, 채썬대파, 물 1.5L

            냉국육수(국간장 2T, 소금 1T, 식초 5T, 설탕 2T)

만들기   1. 냉국육수를 모두 섞어 채썬오이, 불린미역, 채썬대파를 모두 섞는다.

열무김치

재료   열무 1단, 천일염

             쪽파 100g, 양파 1개, 찹쌀풀 5T

             양념장(홍고추 5개, 건고추 5개, 새우젓 1T, 멸치액젓 3T, 마늘 10
             쪽, 생강 1쪽, 물)

만들기   1. 열무는 3등분으로 잘라 천일염에 절였다가 깨끗이 씻어 물기를
           제거한다.

          2. 양념장은 모두 블라인더에 거칠게 갈아서 준비한다.

          3. 1, 2를 섞고 쪽파, 채썬양파, 찹쌀풀을 함께 섞어 준다.

토마토장아찌

재료   토마토 500g

             절임장(간장 1C, 식초 $\frac{1}{2}$C, 설탕 $\frac{1}{2}$C)

만들기   1. 토마토는 반 잘라준다.

          2. 절임장은 모두 섞고 끓여서 식힌 후 1의 토마토에 부어준다.

보리새우볶음

재료   보리새우 100g

　　　　조림장(간장 1T, 설탕 1T, 참기름 1T)

만들기   1. 보리새우는 팬에 살짝 볶는다.

　　　　2. 팬에 식용유를 두르고 보리새우를 넣어 볶다가 조림장을 넣어
　　　　　　버무린다.

꽁치쌈장

재료   꽁치 통조림 1캔

　　　　다진양파 $\frac{1}{2}$개, 다진대파 1대

　　　　쌈장(된장 3T, 고추장 1T, 다진마늘 1T, 참기름 1T, 물엿 1T)

만들기   1. 쌈장의 재료는 모두 섞어 둔다.

　　　　2. 뚝배기에 참기름을 넣고 다진양파, 다진파를 달달 볶다가 꽁치
　　　　　　를 넣어 볶은 후 쌈장을 넣어 충분히 볶는다.

성공적인 외식창업을 위한

가을 밥상

구성 : 버섯밥, 맑은무국, 총각김치, 갈치구이, 연근조림, 마유자무침

버섯밥

재료   쌀 1C, 물 1C

느타리버섯 100g, 소금약간

만들기   1. 느타리버섯은 끓는 물에 소금 넣고 데친 후 물기를 짠다.

2. 밥솥에 불린쌀과 물, 1의 느타리버섯을 넣어 밥을 짓는다.

맑은 무국

재료   무 3cm한토막, 멸치다시마육수 2C

국간장 $\frac{1}{2}$t, 실파약간, 소금, 후추

만들기   1. 멸치다시마육수에 무를 넣고 끓인다.

2. 국간장, 소금, 후추로 간을 한다.

3. 송송썬 실파를 마지막에 넣는다.

총각김치

재료   총각무 1단, 쪽파 100g, 천일염

양념장(고춧가루 1C, 새우젓 4T, 생강 1T, 다진마늘 1T, 설탕 1t,

찹쌀풀 5T)

만들기   1. 총각무는 깨끗이 씻어 천일염에 절인 후 깨끗이 씻어 물기를 뺀다.

2. 양념장을 모두 섞어 둔 후 1의 총각무, 쪽파를 섞어 숙성시킨다.

갈치구이

재료   갈치, 전분가루

만들기   1. 갈치는 칼집을 넣고 전분가루를 묻히고 센불에서 앞뒤로 노릇하

게 지진다.

연근조림

재료   연근 200g, 식초

조림장(다시마육수 $\frac{1}{2}$C, 간장 2T, 설탕 1T, 청주 1T, 물엿 1T, 후추)

만들기   1. 연근은 얇게 썰어서 식초물에 살짝 데친다.

2. 1의 연근을 팬에 기름 두르고 살짝 볶다가 물엿을 뺀 조림장을 넣어 졸인 후 마지막에 물엿을 넣어 섞는다.

마유자무침

재료   마 1개

유자청 5T, 식초 3T, 소금

만들기   1. 마는 껍질 벗겨 얇게 썰고 유자청, 식초, 소금을 약간 넣고 섞는다.

성공적인 외식창업을 위한

겨울 밥상

구성 : 무밥, 매생이굴국, 배추김치, 돼지고기보쌈, 무말랭이무침, 부각, 고구마조림

무밥

재료   쌀 1C, 현미 1C, 채썬무 200g, 물 2C

만들기   1. 불린쌀과 불린현미를 냄비에 넣고 물과 채썬 무를 얹어 밥을 짓는다.

매생이굴국

재료   매생이 100g, 굴 50g

다시마육수 3C

국간장, 참기름

만들기   1. 깨끗이 씻은 매생이를 육수와 끓이다가 굴을 넣는다.

2. 국간장, 참기름으로 끓이면서 간을 맞춘다.

배추김치

재료   배추 1통, 천일염 1C, 물

김치속양념(간양파 ½개, 다진마늘 8개, 간사과 ½개, 고춧가루 150g, 새우젓 ½C, 매실액 50g, 간무 ½개, 쪽파 50g)

만들기   1. 배추는 천일염, 물을 섞어서 절인 후 깨끗이 씻어 물기를 제거해 둔다.

2. 김치속양념을 모두 섞어서 1의 배추에 한잎씩 발라준다.

3. 숙성 후에 잘라서 낸다.

돼지고기보쌈

재료   통삼겹살 600g

부재료(된장 1T, 마늘 10쪽, 양파 1개, 월계수잎 3장, 커피가루 1T, 소주 1T, 통후추)

만들기   1. 냄비에 통삼겹살과 물을 삼겹살이 잠길 정도로 넣고 부재료 넣어 1시간 가량 삶은 후 따뜻할 때 썰어서 낸다.

무말랭이무침

재료   무말랭이 1C

불린 고춧잎 50g, 실파

양념장(고춧가루 4T, 찹쌀풀 2T, 물엿 2T, 매실청 1T, 다진파 1T, 다진마늘 ½T, 간장 1T, 액젓 1T, 깨 1T)

만들기   1. 무말랭이는 물에 씻어 주고 체에 받쳐 물기를 제거한다.

2. 볼에 양념장을 모두 섞고 1의 무말랭이와 불린고춧잎, 실파를 섞는다.

부각

재료   찹쌀풀, 김, 고추, 연근, 고구마, 감자

만들기   1. 김은 찹쌀풀을 바르고 잘 말려준 후 기름에 튀긴다.

2. 고추는 찹쌀가루를 묻혀 찐후 기름에 튀긴다.

3. 연근, 고구마, 감자는 얇게 썰어 물에 담가 전분을 빼고 잘 말려준 후 튀긴다.

고구마조림

재료   고구마 2개

조림장(간장 2T, 설탕 1T, 물 ½C, 참기름, 통깨)

만들기   1. 고구마는 먹기 좋은 크기로 썰어 찬물에 잠깐 담궈 둔 후 팬에 식용유를 두르고 볶다가 조림장 넣어 조린다.

성공적인 외식창업을 위한

우리가게
스타메뉴

초판 인쇄 2018년 11월 2일
초판 발행 2018년 11월 5일

지은이   김선화, 이승미, 정소연, 차미나

펴낸이   진수진
펴낸곳   푸드파이터TV
발행처   혜민북스

주소   경기도 고양시 일산서구 하이파크 3로 61
출판등록 2013년 5월 30일 제2013-000078호
전화   031-949-3418
팩스   031-949-3419
홈페이지 www.foodfighttv.com

*이 책은 혜민북스가 저작권자와계약에 따라 발행한 것으로 저작권법에 따
 라 보호를 받는 저작물이므로 무단전재와 무단복제를 금지합니다.
 이 책의 내용의 전부 또는 일부를 이용하려면 반드시 혜민북스의 서면
 동의를 받아야 합니다.
*잘못된 책은 구입처에서 교환해드립니다.
*책 가격은 뒷표지에 있습니다.
*푸드파이터TV는 혜민북스의 요리 출판 브랜드입니다.